彩图 1　儿童游戏场

彩图 2　居民交往空间

彩图 3　天空色彩

彩图 4　水体色彩

彩图 5　园景建筑

彩图 6　园景道路

彩图 7　假山石色彩

彩图 8　单色处理

彩图 9　多色处理

彩图 10　对比色处理

彩图 11　类似色处理

彩图 12　喷泉

彩图 13　结合雕塑的喷泉

彩图 14　旱喷

全国建设行业中等职业教育推荐教材

园 景 工 程

（物业管理专业适用）

主编 毛 苹
主审 钟 建

中国建筑工业出版社

图书在版编目（CIP）数据

园景工程/主编毛苹. —北京：中国建筑工业出版社，2005

全国建设行业中等职业教育推荐教材. 物业管理专业适用

ISBN 7-112-07333-2

Ⅰ.园… Ⅱ.毛… Ⅲ.园林—工程施工—专业学校—

教材 Ⅳ. TU986.3

中国版本图书馆 CIP 数据核字（2005）第 030039 号

全国建设行业中等职业教育推荐教材

园景工程

（物业管理专业适用）

主编 毛 苹

主审 钟 建

*

中国建筑工业出版社出版（北京西郊百万庄）

新华书店总店科技发行所发行

北京云浩印刷有限责任公司印刷

*

开本：787×1092 毫米 1/16 印张：4¾ 插页：4 字数：114 千字

2005 年 6 月第一版 2005 年 6 月第一次印刷

印数：1—3000 册 定价：**12.00** 元

ISBN 7-112-07333-2

（13287）

本社网址：http://www.china-abp.com.cn

网上书店：http://www.china-building.com.cn

本书为中等职业学校物业管理专业教材。全书共分六章：第一章园景设计基础知识；第二章园景用地；第三章假山工程；第四章水景建造；第五章园路工程；第六章绿化工程。

本书侧重整体观念的建立和单项工程具体做法的介绍，编写时图文结合，尽量以图代文，便于初学者掌握。

本书可供物业管理及相关专业教学使用，也可供园景工作者、爱好者参考。

＊　＊　＊

责任编辑：张　晶

责任设计：赵　力

责任校对：孙　爽　刘　梅

教材编审委员会名单

出 版 说 明

物业管理业在我国被誉为"朝阳行业",方兴未艾,发展迅猛。行业中的管理理念、管理方法、管理规范、管理条例、管理技术随着社会经济的发展不断更新。另一方面,近年来我国中等职业教育的教育环境正在发生深刻的变化。客观上要求有符合目前行业发展变化情况、应用性强、有鲜明职业教育特色的专业教材与之相适应。

受建设部委托,第三、第四届建筑与房地产经济专业指导委员会在深入调研的基础上,对中职学校物业管理专业教育标准和培养方案进行了整体改革,系统提出了中职教育物业管理专业的课程体系,进行了课程大纲的审定,组织编写了本系列教材。

本系列教材以目前我国经济较发达地区的物业管理模式为基础,以目前物业管理业的最新条例、最新规范、最新技术为依据,以努力贴近行业实际,突出教学内容的应用性、实践性和针对性为原则进行编写。本系列教材既可作为中职学校物业管理专业的教材,也可供物业管理基层管理人员自学使用。

建设部中等职业学校
建筑与房地产经济管理专业指导委员会
2004 年 7 月

前　言

随着社会改革的不断深化，市场经济的不断发展，土地和房屋作为商品要通过市场来体现其价值。房地产业是指土地和房屋的经营部分，也包括从事部分土地的开发和房屋的建设活动，它形成了一个多元的产业链，带动着多个行业的发展。物业管理就是适应市场经济条件应运而生的新兴行业，它的工作涉及方方面面，要求从业者具备全面的专业知识，是一个"多面手"。其中，园林景观的营造就是一个重要的工作。

《园景工程》是一门横跨多个学科的课程，对于园林专业来讲都是属于难度很大的课程。如何编写一本适应物业管理专业需要的教材，目前还无样板可借鉴，再加之编者在学识方面和时间上的限制，不足之处敬请谅解，希望同行和广大读者给予指正。

考虑到物业管理工作的职责范围和人才培养目标的要求，本书在编写中：第一，注重整体观念，让学生对园景工程建立完整的概念，具备一定的鉴赏能力。第二，对单项工程分别进行叙述，让学生能够懂得简单的操作和管理。第三，深入浅出，图文并茂，对于教材内容的处理强调直观性、趣味性，便于学生理解。

本书是在广州市土地房产管理学校陈天成老师起草的教学大纲基础上，经过调整、完善后编写而成的。本书主审是四川建筑职业技术学院城建系主任钟建副教授，他对本书认真审阅，提出了很好的建议。另外，在编写过程中还得到了成都市建设学校贾晓燕、袁大明、杨涛、罗力等多位同志的大力协助，在此一并表示感谢。同时，也向参考书目中的作者表示真诚的谢意和深深的敬意。

目　　录

第一章　园景设计基础知识

随着社会的发展与进步，人们越来越关注自己身边的环境，大家希望拥有优美的景观从而获得愉悦的感受。园景是指一定地域内运用工程技术和艺术手段，通过因地制宜地改造地形、整治水系、栽种植物、营造建筑和布置园路等方法制作而成的优美的游憩境域。

在历史上，因时间、内容和形式的不同，曾用过不同的名称来解释园景，如：囿、猎苑、苑、宫苑、园、园地、庭园、宅园、别业等。而现代园景除包括庭园、宅园、小游园、公园、附属绿地、生产防护绿地等各种城市绿地外，随着园景学科的发展，其外延还扩大到风景名胜区、自然保护区的游览区以及文化遗址保护绿地、旅游度假休闲、休养胜地等范围。从物质形态来看，山（地形）、水、植物（生物）和建筑是园景组成的四大要素。园景不是对这些要素进行简单的叠加，而是对它们进行有机整合之后创造出的艺术整体，借助园景工程的技术手段，将构思的园景艺术形象塑造出来，使园景的空间造型能够满足游人对其功能和审美的要求。

第一节　园景美的特征及赏景

一、园景美的特征

园景既是满足人们文化生活、物质生活的现实物质生活环境，又是反映社会意识形态与满足人们精神生活与审美要求的艺术对象，因此，园景的美是现实生活美与艺术美的高度统一。

（一）生活美

园景作为一个现实的物质生活环境，是一个可游、可憩、可赏、可居的综合活动空间，其布局必须能够保证游人在游园时感到非常舒适。

应该保证园景是清洁卫生的环境，空气清新，无烟尘污染，水体清透。要有适于人生活的小气候，使气温、湿度、风的综合作用达到理想的状况要求，冬季要防风，夏季能凉爽，有一定的水面、空旷的草地及大面积的庇荫树林。应该有方便的交通，良好的治安保证和完善的服务设施。有广阔的户外活动场地，有安静休息、散步、垂钓、阅读、体息的场所；有划船、游泳、溜冰等进行体育活动的设施；有各种展览、舞台艺术、音乐演奏等场地，这些都将愉悦人们的性情，带来生活的美感。

（二）自然美

自然景物和动物的美称为自然美。自然界的日月星辰、风云雨雪、春秋四季、虫鱼鸟兽、溪涧飞瀑、江河湖海、草原森林、田野牧歌、鸟语花香，都是自然美的组成。

自然美是以色彩、形状、质感、声音等感性特征直接引起人的美感。随着人类实践的深入，人们对自然的认识在不断深化，越来越多的自然物进入了人们的生活领域，与人类社会发生了关系。许多自然事物，因其具有与人类社会相似的一些特征，可以成为人类社会生活的一种寓意和象征，成为生活美的一种特殊形式的表现。如：松柏的傲霜斗雪、梅花的暗香浮动疏影横斜、竹子的清秀挺拔虚心有节，都作为人的品格和情操的象征而给人美感。

园景的自然美具有以下共性：

（1）变化性：随着时间、空间和人的文化心理结构的不同，自然美常常发生明显的或微妙的变化，处于不稳定状态。

（2）多面性：同一自然景物，可以因人的主观意识与处境不同而向相互对立的方向转化；或完全不同的景物，也可以产生同样的美的效应。

（3）综合性：常常表现在动静结合中，如山静水动、树静风动、石静影移、水静鱼游。

（三）艺术美

现实美是美的客观存在的形态，而艺术美则是现实美的升华。从生活到艺术是一个创造过程，艺术家是按照客观美的规律和自己的审美理想创造作品的。

艺术美是意识形态的美，艺术美的具体特征是：

（1）形象性：是用具体的形象反映生活。

（2）典型性：虽来源于生活，但又高于普通的实际生活，它比普通的实际生活更高、更强烈、更有集中性、更典型、更理想，因此就更带普遍性。

（3）审美性：具有一定的审美价值，能引起人的美感，使人得到美的享受，培养和提高人们的审美情趣，提高人们对美的追求能力和对美的创造能力。

园景作为艺术作品，园景艺术美也就是园景美。在体现时间艺术美方面，它能通过想像与联想，使人将一系列的感受转化为艺术形象。在体现空间艺术美方面，它具有比一般造型艺术更为完备的三度空间，既能使人感受与触摸，又能使人深入其内，身历其境，观赏和体验到它的序列、层次、高低、大小、宽窄、深浅、色彩。中国传统园景，就是以山水诗的艺术意境为内涵的典型的时空综合艺术，具有内容与形式协调统一的美。

（四）意境美

"情景交融"是园景美欣赏的最理想境界，在中国传统美学中，这一境界便称作"意境"。它包含两个方面："生活形象的客观反映方面和艺术家情感理想的主观创作方面"。意境美离不开形象，即园中的各种风景。然而，并不是所有的风景形象都能产生意境，它们必须能真实地构成空间环境，并且具有自然风景观赏空间所特有的生气和活力。其次，还要有主观情思意蕴的注入。如果园景只有景而无意，只有景而无情，那么它只能是树木花草、山石水体等物质原料的堆砌，是无生命的形式构图，不能算是真正的艺术。只有在造景的同时进行意境设计，使主观的风景形象和设计者的情趣思想相结合，才能达到"形"、"神"的统一。只有这样，人们在游览时才会感到景色宜人，才会和风景进行情感上的交流，在赏景时去发掘风景的内涵意味。因此，凡是好的园景从大的结构布局到每一个景致，都融进了作者的审美追求，饱蘸着作者的思想感情，倾注了他对自然美和生活美的真切感受和认识，可谓"寓情于景而景愈深"。

二、赏景

景是多方面的，有自然之景、人工之景、自然与人工相结合之景，千变万化，不胜枚举。景可供游览观赏，但不同的游览观赏方法，会产生不同的景观效果，给人以不同的感受。

（一）静态欣赏与动态欣赏

景的欣赏可分动态与静态。动就是游，静就是息，在实际游览中，往往是动、静相结合。游而无息使人筋疲力尽，息而不游又失去游览的意义。一般园景绿地设计时，要从动与静两方面要求来考虑，既能从某些固定点看具有良好的感观效果，而且在行进的过程中，又能使个别的景连贯成完整的序列，获得良好的动态效果。动态观赏多为进行中的观赏，是一种动态的连续构图，例如北京北海的画舫斋（图1-1-1）。而静态观赏，如同看一幅风景画，其主景、配景、前景、背景、远景的相互位置固定不变，好的观赏点正是摄影家和画家的写生之处，例如坐在苏州拙政园的扇面亭中，可以看到不同角度的静态画面（图1-1-2）。但是，景色的动与静也不是割裂关系，二者既相对又协调，构成了有机的整体，形成了完整的艺术形象和境界。

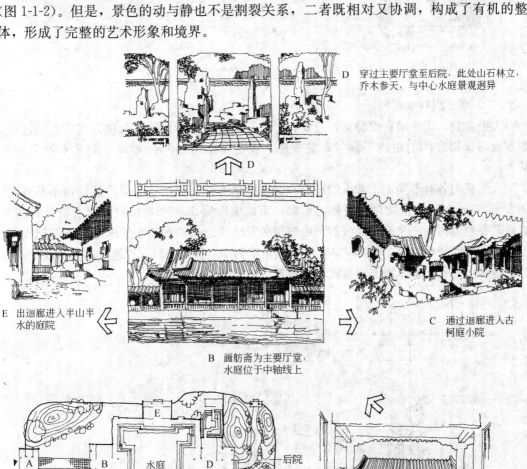

D 穿过主要厅堂至后院，此处山石林立，乔木参天，与中心水庭景观迥异

E 出迴廊进入半山半水的庭院

B 画舫斋为主要厅堂，水庭位于中轴线上

C 通过迴廊进入古柯庭小院

古柯庭小院

A 从正门沿中轴线走向中心水庭

图1-1-1 动态欣赏

3

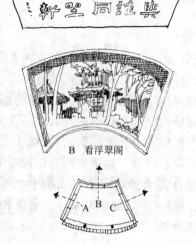

A 看三十六鸳鸯馆 　　B 看浮翠阁 　　C 看倒影楼

图 1-1-2　静态欣赏

（二）观赏点与观赏视距

人们赏景，无论动赏或静赏，总要有个立足点，游人所在位置就称为观赏点或视点。观赏点与景物之间的距离，称为观赏视距。观赏视距适当与否对观赏的艺术效果关系甚大。

人的视力各有不同，正常人的视力，明视距离为 0.25m，4km 以外的景物不易看到，在大于 500m 时，对景物存在模糊的形象；距离缩短到 250～270m 时，能看清景物的轮廓；若要看清树木、建筑细部线条则要缩短到几十米之内。在正视情况下，不转动头部，视域的垂直明视角度为 26°～30°，水平明视角度为 45°（图 1-1-3），超过此范围就要转动头部。这样，对景物整体构图印象就不够完整，而且容易感到疲劳。

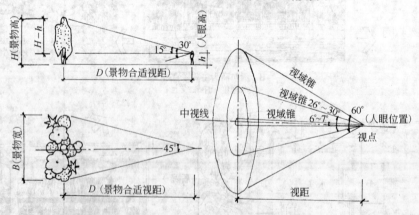

图 1-1-3　视点、视域、视距关系示意

粗略估计，大型景物的合适视距约为景物高度的 3.3 倍，小型景物约为 3 倍。合适视距约为景物宽度的 1.2 倍。

（三）俯视、仰视、平视的观赏

游人在观赏过程中，因视点高低不同，有俯视、仰视、平视之分。居高临下、鸟瞰全局，称为俯视。抬头仰望高处景观，称为仰视。在平坦草地或河湖之滨，景物深远，则多为平视。俯视、仰视、平视的观赏对游人的感受各不相同。

1. 平视观赏

平视的视线平行向前，游人头部不用上仰下俯，可以舒展地平望出去，使人有平静、安宁、深远的感觉，不易疲劳。平视景观时与地面垂直的线条，在透视上均无消失感，景物的高度效果感染力小；而不与地面垂直的线条，均有消失感，对景物的远近深度有较强的感染力。因此，平视景观应布置在视线可以延伸到较远的地方，如园景绿地中的安静地域。

2. 俯视观赏

游人视点较高，景物展现在视点下方。垂直地面的直线，会产生向下消失感，景物愈低就显得愈小，易造成开阔和惊险的景观效果。如承德避暑山庄的烟雨楼西南一隅堆筑假山，山上设一六角亭，在这里既可眺望湖光山色，又可俯瞰近处庭院（图 1-1-4）。

图 1-1-4 俯视

3. 仰视观赏

景物高度很大，视点距离景物很近，与地面垂直的线条有向上消失感，故景物的高度感染力强，易形成雄伟、庄严、紧张的气氛。在园景中，为了强调主景的崇高伟大，常把视距安排在主景高度的一倍以内，没有后退的余地，应用错觉可感到景物高大。颐和园的佛香阁，沿排云殿中轴线攀登出德辉殿后，抬头仰视，觉得佛香阁高入云端（图 1-1-5）。

平视、俯视、仰视的观赏，不能截然分开，各种视觉的景观安排，应统一考虑，既要使得四面八方、高低上下都有很好的景色可供观赏，又要着重安排最佳观景点，让人停顿、休息和体验。

图 1-1-5 仰视观赏

5

第二节　园景构图的基本规律

所谓"构图"，即组合、布局的意思。园景构图就是组合园景的物质要素，将园景材料与空间、时间组合起来，使形式美与内容美取得高度统一的手法和规律。

一个园景能否使人产生愉悦的感受，涉及美观问题，这就需要遵循形式美的规律。

多样统一是形式美最基本的要求，即在统一中求变化，在变化中求统一。任何一个园景都具有若干不同的组成部分，这些部分之间，既有区别，又有内在的联系。各部分的差别可看作多样化和变化，而各部分之间的联系，则可看作和谐和秩序，即统一。在中国古典园景中，不论庭园规模的大与小，一般多在组成全园的众多空间中选择一处作为主要景区，其景观内容丰富有趣，有更大的吸引力，通过主次分明、重点突出来达到统一的目的，从而在整体中起着主导和支配作用。例如：北海是明、清西苑的一部分，规模大、占地广，利用突出于水中的琼华岛并在其上叠山石，建殿宇及喇嘛塔，使之成为全园的中心和制高点（图1-2-1）。

图 1-2-1　北海琼华岛

一、对称与均衡

人们从自然现象中意识到，一切物体要想保持平衡与稳定，必须具备一定的条件：像鸟那样的双翼，像人那样左右对称的体形，像树那样沿着四周分叉等等，同时，通过人类的生产实践也证实了对称与均衡的原则。对称是以一条线为中轴，形成轴线两侧的均等，在量上均等；而均衡是事物的两部分在形体上不相等，但双方在量上却大致相当。也就是说，对称都是均衡的，但均衡不一定都对称。因此，就出现了对称均衡和不对称均衡。

1. 对称均衡

对称布置常会给人以庄重、严整的感觉，在规则式园景中常被采用。纪念性园景、大型公共建筑的庭园、道路两旁的行道树等，常采用对称布置，但它往往显得呆板、不生动（图1-2-2）。

2. 不对称均衡

图 1-2-2　对称均衡

在自然式园景中，园景的布局常常受到功能、地形等各构成要素的条件制约，往往很难也没有必要做到绝对对称形式，在这种情况下常采用不对称均衡的手法。这种布置小到树丛、散置山石，大至风景区的布局，常给人以轻松、自由、活泼、变化的感觉。例如北京颐和园中的谐趣园(图1-2-3)。

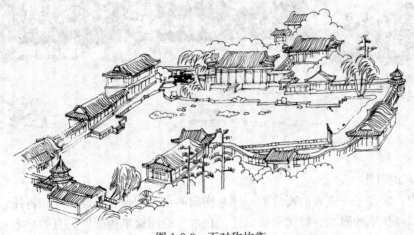

图 1-2-3 不对称均衡

3. 稳定

与均衡相联系的还有稳定。均衡是着重处理构图中各要素左右或前后之间的轻重关系，稳定则着重考虑上下之间的轻重关系。上小下大，上轻下重，可以获得稳定感(图1-2-4)。但这种概念也不是绝对的，自然界中不稳定显现稳定的奇景数不胜数。

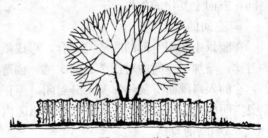

图 1-2-4 稳定

二、对比与调和

对比是将迥然不同的事物并列在一起，互相衬托，突出各自特点，园景可以从体形、方向、开合、明暗、虚实、色彩、质感等方面产生对比，令景色生动活泼，主题明确。调和是把相近的不同事物并列在一起，达到协调、统一。对比与调和只存在于同一性质的差异之间，要有共同的因素，如空间的开敞与封闭，线条的曲直、色调的冷暖、材料质感的粗糙与细腻等。在园景空间构图上常常采用欲扬先抑，欲大先小，以暗求明，以素求艳等手法。

1. 形象的对比

构成景物的线、面、体和空间常具有各种不同的形象，如长宽、高低、大小等。以短衬长，长者更长；以低衬高，高者更高；以小衬大，大者更大，造成人们视觉上的错觉。在草坪中种一棵高树(图1-2-5)，广场上立一旗杆，都形成了高与低、水平与垂直的对比效果。建筑是人工形象，植物是自然形象，二者配在一起可造成形象的对比；而在对称建筑的周围，种植整形的树木，并作规则式布置，则是寻求协调的效果。

2. 体量的对比

体量相同的物体放在不同环境中，给人的感觉不同。在大的环境中，会感觉其小，在小的环境中，会感觉其大。在园景的主要景物周围，常常配以小体量的景物加以衬托，造成主体更加高大的形象。如颐和园佛香阁的大体量与周围小体量的廊形成强烈的对比效果。

图 1-2-5　形象对比

3. 方向的对比

园景中，常常把垂直方向高耸的山体与横向的水面配合在一起，互相衬托；挺拔高耸的乔木与低矮丛生的灌木、绿篱形成对比；在水平的湖面岸边配以高直的乔木，给人留下难忘的印象。布局中还常常利用忽而横向，忽而纵向，忽而深远，忽而开阔的手法，增加空间在方向上变化的效果。

4. 空间的对比

在园景中利用空间的收放与开合，形成敞景与聚景的对比，视线忽远忽近，忽放忽收的对比，增加了空间的对比感、层次感，创造出"庭院深深深几许"的境界。例如苏州留园，它的入口既曲折狭长，又十分封闭，但正是充分利用它的狭长曲折和封闭性，与园内主要空间构成强烈对比，从而有效地突出园内主要空间（图 1-2-6）。

5. 明暗的对比

光线的强弱，会造成环境明暗和景物明暗，使人有不同的感受。明，给人以开朗、活泼的感觉；暗，给人以幽静柔和的感觉。在园景中布置明朗的广场空地供游人活动，布置幽暗的疏林、密林，供游人散步休息。明暗对比强的景物令人有轻快振奋的感觉，而对比弱的景物令人有柔和沉郁的感受。

6. 虚实的对比

虚给人轻松感觉，实给人厚重感觉，园景中的墙体、密林为实，疏林草地、漏窗为虚。水面上设一小岛，水体是虚，小岛是实，虚实交替，视线可通可阻，既可从走廊、树干间去看景物，也可从广场、道路、山石上去看景物，由虚变实或由实变虚，增加了观赏的效果。例如扬州小盘谷立面局部，建筑以实为主，仅中部留一缺口，并设一亭一石，使得虚中有实；下部山石以实为主，实中有虚（洞壑），虚实之间有良好的交织空插（图 1-2-7）。

7. 色彩的对比

色彩的对比包括色相与色度的对比。色相是指色彩的相貌，它是色彩显而易见的最大特征，色相的对比是指相对的两个补色，产生对比效果，如红与绿，黄与紫。而同一种色相中色度的变化即为调和。利用色彩的对比关系可引人注目，更加突出主题，如"万绿丛中一点红"。而植物的色彩一般是比较调和的，秋季艳红的枫叶林、黄色的银杏树是调和关系，但与其深绿色的背景树林，则会形成对比关系，产生层次感。

8

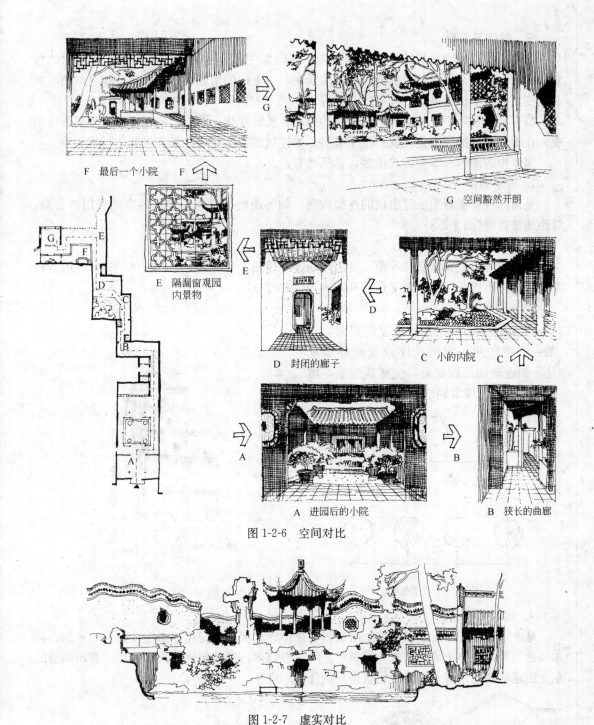

F 最后一个小院

G 空间豁然开朗

E 隔漏窗观园
内景物

D 封闭的廊子

C 小的内院

A 进园后的小院

B 狭长的曲廊

图 1-2-6　空间对比

图 1-2-7　虚实对比

8. 质感的对比

利用园景中的山石、水体、建筑、植物、道路等不同材料的质感，可以产生对比效果。即使植物，也会因为种类的不同，有粗糙与细密、厚实与空透的不同；建筑中的墙体，有砖、石、混凝土、大理石等材料，会产生质感上的差异。利用质感对比，能够造成雄厚、庄严或轻巧、活泼的不同艺术效果。

三、韵律与节奏

韵律是指诗词中平仄格式和押韵规则。在园景中就是将某种构成要素作有规律的重复，从而产生富于感情色彩的韵律感，使景观产生更深的情趣和抒情意味，如自然山峰的起伏变化，人工植物群落的林冠线变化等。

节奏是指音乐中交替出现的有规律的强弱、长短变化。园中景物有规律的反复连续出现，在重复中又组织变化，就产生了节奏。如连续的带状花坛，整齐排列的行道树等。

园景中的韵律、节奏方式很多，常见的有：

1. 简单韵律

是由同种要素等距反复出现的连续构图。如等距的行道树，等高等宽的登山道台阶，等距的游廊等（图1-2-8）。

2. 交替韵律

是由两种以上要素交替等距反复出现的连续构图。如河堤上一株柳树一株桃树的栽种方式，两种不同花坛的等距交替排列方式等（图1-2-9）。

3. 渐变韵律

是指园景布局中连续重复的要素，在某一方面按照一定的秩序或规律逐渐变化。如逐渐加长或变短，变宽或变窄，增大或减小，就像塔的造型一样（图1-2-10）。

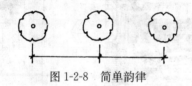

图1-2-8　简单韵律

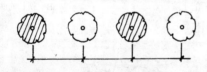

图1-2-9　交替韵律

图1-2-10　渐变韵律

4. 起伏曲折韵律

是由一种或几种要素在形象上出现较有规律的起伏曲折变化。如连续布置的水池、树木、建筑等，为防止呆板，就要遵循一定的节奏韵律，形成起伏曲折的变化，苏州鹤园的东立面建筑高低错落、起伏变化就是一例（图1-2-11）。

图1-2-11　起伏曲折韵律

5. 交错韵律

是由某一要素作有规律的纵横穿插、交错布置。如空间的一开一合，一明一暗，景色一段鲜艳，一段素雅；一段缤纷，一段宁静。在园景铺地中，以卵石、片石、水泥板、砖瓦材料组成纵横交错的各种花纹图案，交替出现，设计得宜，就能引人入胜。

四、比例与尺度

园景中的比例包含两方面的意义，一是景物、建筑物整体或者某个局部本身在长、宽、高三个方面度量之间的关系；二是景物、建筑物整体与局部，局部与局部在空间形体、体量大小之间，各部分的数量关系之比。园景中除建筑、广场这些要素具有固定不变的比例外，应当注意植物这个要素，它会随着时间的变化产生形体的改变。如日本古典庭园，面积较小，配置的植物体形较小，通过控制生长速度以保持合适的比例，使人感到亲切。一般大型建筑附近要配置高大的乔木，以形成恰当的比例。但是，在栽植初期常感觉树木矮小，生长几年后感觉比例适当，再过几年又感到过于高大，比例失调。因此，设计时要考虑控制措施，以保持完美的形象。

尺度是景物、建筑物整体和局部构件，给人感觉上的大小印象，是与其真实大小之间的关系问题。园景中的园景建筑，一些构件具有明确的功能要求，保持着不变的大小和高度，如栏杆、扶手、台阶等。一般来讲，利用这些熟悉的构件去和建筑物的整体或局部做比较，将有助于获得正确的尺寸感，使得感觉上的大小印象应该和它的真实大小是一致的。不过，有时也会产生视觉误差，如果不一致，可能出现两种情况：一是大而不见其大，实际尺寸很大，但给人的印象不如真实大；二是小而不见其小，本身不大，却显得很大，两者都是失掉了应有的尺度感。

比例与尺度受多种因素和变化的影响。例如苏州古典园景，造景摹仿自然山水，把自然山水提炼后缩小在园景之中，建筑、道路曲折有致，主从分明，相辅相成，无论在全局上或局部上，比例都是恰当的，对于满足当时少数人起居游赏来讲，其尺度也是合适的。但是，随着旅游业的发展，游客大量增加，游廊就显得矮而窄，假山显得低而小，庭院不敷回旋，其尺度就不符合现代功能的需要了。所以，不同的功能要求，会有不同的空间比例和尺度。

第三节　园景布局手法

园景是由多个要素，若干景点组成的，如何根据基地的实际情况，因地制宜地组织各种要素，形成有机的整体，这就是布局问题。

一、布局的原则

(1) 园景构图应先确定主题思想，然后根据园景的性质、功能、用途去确定其设施与形式，不同的性质、功能应有不同的设施和不同的布局形式。比如在社区的景观中除了营造幽雅的景色外，还要安排满足老年人需求的设施，儿童游戏的场地(彩图1)以及供居民相互交流的场所(彩图2)，同时，园景的风格和形式还要与建筑的风格协调一致。

(2) 按照功能进行分区，对不同功能的区域和不同的景点要巧妙组织，既有分隔，又有联系，避免杂乱无章。如颐和园分为东宫区、前山区、后山区与湖堤区等景区，以前山区为全园的主景区，主景区中的主景点则是以佛香阁、排云殿为中心的建筑群。其余各区为配景区，各配景区中也各有主景点，如湖堤区中的主景点便是湖中的龙王庙。功能分区与景色分区有些是统一的，有些是不统一的，需要作具体分析。

（3）园景应有特色，要突出主题，在统一中求变化，规划布局忌平铺直叙。如无锡锡惠公园是以锡山为构图中心，瑞光塔为特征，但在突出主景时，也注意了次要景色的陪衬烘托，处理好与次要景区的协调过渡关系。

（4）根据工程技术、生物学要求和经济上的可能性，充分利用地形特点，"景到随机、得景随形"，结合周围环境巧于因借，做到"俗则屏之，嘉则收之"。

二、布局的形式

园景布局一般可分为规则式、自然式和抽象式三类。

1. 规则式

也称整形式、几何式。整个平面布局、立体造型以及建筑、广场、道路、水面、花草树木等都要求严整对称，以文艺复兴时期意大利台地园和17世纪法国勒诺特的凡尔赛宫庭园为代表。平面对称布局，追求几何图案美，多以建筑及建筑所形成的空间为园景主体，我国北京天坛、南京中山陵都是采用规则式。规则式给人庄严、雄伟、整齐之感（图1-3-1）。其特征如下：

（1）地形地势：平原地区，由不同标高的平地、缓坡组成；丘陵地区，由阶梯台地、倾斜地面及石级组成。

（2）水体：水池外形轮廓为几何形，驳岸严整。并常以整形水池、壁泉、喷泉、瀑布为主，运用雕像与水池、喷泉配合成为水景主题。

（3）建筑：单体建筑或群体建筑都根据轴线左右对称或均衡布置，并以建筑形成的主轴和次轴来控制全局。

（4）道路广场：以对称或规整的建筑群、林带、树墙来围成封闭的草坪和广场空间，道路由直线、几何方格、环状放射来形成中轴对称或左右规整植物布局系统。

（5）植物：花卉布置以图案式毛毡花坛、花境为主，或组成大规模的花坛群。树木种植，行列对称，以绿篱、绿墙划分组织空间，对树木进行整形修剪，作成绿篱、绿柱、绿墙、绿门、绿亭等形式。

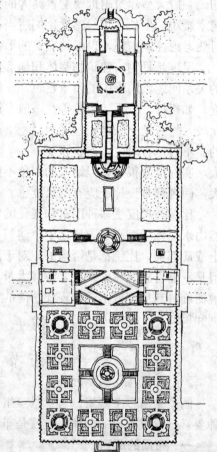

图 1-3-1　规则式布局（意大利台地园）

（6）其他景物：盆树、盆花、雕像、石雕瓶饰等使用较多。

2. 自然式

以模仿自然为主，不要求对称严整。这种形式较能适合有山有水、地形起伏地区（图1-3-2）。其特征如下：

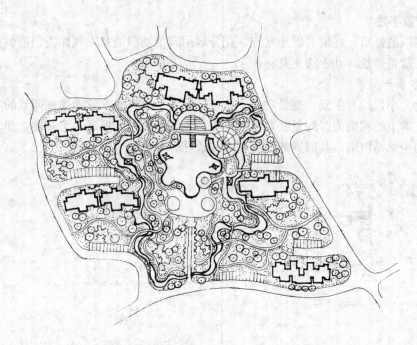

图 1-3-2　自然式布局

（1）地形地势：利用自然地形，或自然地形与人工的山丘、水面相结合，除建筑、广场的用地外，一般不作人工阶梯状的改造工作。

（2）水体：多为自然岸线，驳岸多用自然山石堆砌或作倾斜坡度，以溪流、池沼、湖泊、飞泉、瀑布作为园林水景主题。

（3）建筑：不要求对称，全园不用对称轴线来控制。

（4）道路广场：采用自然形状，以不对称的建筑群、山石、自然形式的树丛和林带等组织空间。

（5）植物：花卉以花丛、花群为主，树木以自然式为主，以反映植物的自然之美。

（6）其他景物：多采用峰石、假山、盆景来丰富园景。

3. 抽象式

超越了规则式的工整，也不是具体真实地模仿某一自然景观，而是把园景的美学特点和自然景观加以高度概括，通过布置的新材料、新技术，运用变形、集中、提炼，表现为富有新意和时代感的布局形式。这种布局形式具有较浓的装饰性和规律性，线条比自然式的流畅而有规律可循，比规则式的活泼而有变化。用鲜明的色彩、流畅的曲线、纯净的质感、适合的比例、美妙的均衡把自然式和规则式的因素兼收并蓄，显现出具有时代感的园景特色(图 1-3-3)。

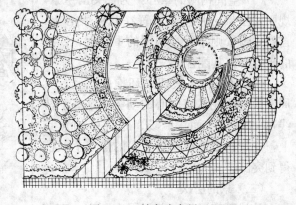

图 1-3-3　抽象式布局

三、造景手法

根据园景的性质、规模，因地制宜，充分运用园景构图的基本规律去创造供人游览观赏的景色，就是造景。其手法主要有：

（一）主景与配景

景无论大小，均有主景、配景之分。主景是重点、是核心，它能体现园景的功能与主题，富有艺术上的感染力。配景起着陪衬作用，二者相得益彰形成一个整体，如北海公园琼华岛上的主景是白塔，其四周的建筑则为配景（图1-3-4）。

图1-3-4　主景与配景

突出主景的方法有：

（1）主体升高：主景的主体升高，可产生仰视观赏的效果，以蓝天、远山为背景，使主体的造型轮廓突出鲜明，不受或少受其他环境因素的影响，如镇江金山寺就采用了升高主体的处理手法（图1-3-5）。

（2）运用轴线和风景视线焦点：一条轴线的端点或几条轴线的交点常有较强的表现力，故常把主景布置在轴线的端点或几条轴线的端点、几条轴线的交点上或景观视线的焦点上。如南京中山陵的中山纪念堂就是放在轴线的端点上。

（3）空间构图的重心：为了突出主景，规则式园景常将主景布置在几何中心上；自然式园景则布置在构图的重心上，四周的景物要与其配合。

（4）动势：一般四周环抱的空间，其周围景物往往具有向心的动势，这些动势线可集中到水面、广场、庭院中的焦点上，主景如布置在动势集中的焦点上就能得到突出。

（二）景的层次

景就距离远近、空间层次而言，有前

图1-3-5　主景升高

14

景、中景、背景之分（也叫近景、中景与远景）。一般前景、背景都是为了突出中景而言的，这样的景富有层次而不单调。如在植物配置时，以常绿的松柏丛作为背景，衬托以五角枫、海棠花等形成的中景，再以月季引导作为前景，即可组成一个完整统一的景观（图1-3-6）。

图 1-3-6　景的层次

有时因不同的造景要求，前景、中景、背景不一定全部具备。在一些大型建筑物的前面，为了突出建筑物，使视线不被遮挡，只作一些低于视平线的水池、花坛、草地作为前景，而背景则借助于蓝天白云。

（三）借景

对景观自身条件加以利用，或借用外部景观从而完善园景自身的方法，称为借景。借景是中国古典园景艺术的重要手法，它能扩大园景空间，丰富景色。"窗含西岭千秋雪，门泊东吴万里船"、"采菊东篱下，悠然见南山"就是例子。借景因距离、视角、时间、地点的不同而有所不同。

（1）远借：就是把园景外的景物组织起来，所借物可以是山、水、树木、建筑等。如北京颐和园借西山及玉泉山之塔（图1-3-7），增加了远借的效果。为使远借获得更多景色，常常需登高远眺，充分利用园内有利地形，开辟景线，或者堆假山叠高台，山顶设亭等。

图 1-3-7　远借

（2）邻借（近借）：是把园子邻近的景色"借"进来，周围的景物，只要能够利用成景的都可以借用。如苏州沧浪亭园内缺水，但临园有河，沿河做复廊，从园内透过漏窗可领略园外河中景色，使得园内园外融为一体；再如"一枝红杏出墙来"、"杨柳宜作两家春"等布局手法也是例子。

（3）仰借：以借高处景物为主，如古塔、山峰、碧空白云、明月繁星等。观赏点应设置亭台座椅以供驻足。

（4）俯借：利用居高临下俯视观赏园外景物，四周景色尽收眼底。如江湖原野、湖光倒影等。

（5）应时而借：利用一年四季、一日之时，由大自然的变化和景物的配合而成。如春天的百花争艳，夏天的浓荫覆盖，秋天的层林尽染，冬天的树木姿态，都是应时而借的意境素材，许多名景都是应时而借形成的，如"苏堤春晓"、"曲院风荷"、"平湖秋月"、"断桥残雪"等。

第四节　园景的色彩构图

一、园景色彩构图的要素

光产生色彩，园景在漆黑的深夜，无从谈其艺术效果，当阳光普照时，园景才会变成五彩的乐园。

色彩的三要素分别是：色相、明度和纯度。色相是指色彩的相貌，每一种颜色都有其特殊的，同其他颜色不相同的表现特征。明度是指色彩自身固有的明暗程度，每个颜色加入白色，都提高明度；加入黑色，则降低明度。纯度也称饱和度，最大饱和度具有该色相最完备的色性特征。从理论上讲，黑、白、灰不带有色彩倾向性，没有色彩性，其纯度为零。而不同色相的色彩，则有温度感、距离感、重量感和面积感。

人们对色彩的不同感觉与园景色彩的构图关系非常密切。园景中的色彩可分为三大类：

（一）天然山石、水面及天空的色彩

天然山石及天空的色彩都是天然形成的，在园景色彩构图中，一般都是拿它当作背景来处理的，以远看为主。天然山石的色彩多属灰、灰黑、褐红、褐黄等为主，大部分属暗色调，因此，以山石为背景布置园景的主景时，无论是建筑或植物，色彩宜采用明色调。在园景中，很少单纯以成片裸露的天然山石做为背景，而是与植物配合在一起，山石形态和色彩好的要显露出来，一般的或不好的尽可能披上绿装。

天空的色彩，晴天以蔚蓝色为主，多云的天气以白灰为主，大部分以明色调为主。因此，在以天空为背景布置园景的主景时，宜采用暗色调为主，或者与蔚蓝色的天空有对比的白色、金黄色、橙色、灰白色等。叶色暗绿的树种，种在山上以天空为背景，效果也不错（彩图3）。

水面的色彩，除与水质的清洁和水深有关之外，主要是反映天空及水岸附近景物的色彩，水面的色彩表现贵在水质的透明程度。以水面为背景或前景布置主要景物时，应着重处理主景与四周环境和天空的色彩关系（彩图4）。

（二）园景建筑、广场、假山石色彩

这些要素属于人工建造的硬质景观，虽然所占的比例不是很大，但却是游人使用频繁的场所，对园景色彩构图起着重要的作用。

一般来说，应该注意以下几点：

（1）园景建筑与周围环境的色彩既要取得协调又要有所对比。在水边宜取米黄、灰白、淡绿，以雅淡为主；在山边宜选取与山色土壤露岩表面相近的色彩，取得协调或有对比；在绿树丛中，宜用红、橙、黄等暖色调。此外，还需考虑所在地域的气候条件，炎热地带应少用暖调，在寒冷地带宜少用冷调（彩图5）。

（2）园景中的道路、广场的色彩，色调比较暗、沉静，要注意与四周环境相结合。如在自然式园景的山林部分，宜用青石或黄石（黄褐色）的路面（彩图6）。

（3）假山石的色彩宜选灰、灰白、黄褐色为主，给人以沉静、古朴稳重的感觉。如果园景材料有所限制，可利用植物巧妙地配合，以弥补假山石在色彩上的缺陷(彩图7)。

（三）园景植物的色彩

植物是园景色彩构图的骨干，是最活跃的因素，如果运用恰当，往往能达到美妙的境界，植物四季多变的色彩，构成了难得的天然图画。如北京深秋季节的香山红叶，层林尽染，对提高景观价值起了一定的作用。

二、色彩构图的手法

1. 单色处理

作为主景的植物、建筑物、雕塑或其他构筑物，其本身的颜色与背景的颜色基本相同，色彩处理常为调和关系，需要强调体形的对比关系。要求形态轮廓丰富，色彩简洁，给人以单纯、大方、宁静、豪迈、有气魄的感受(彩图8)，色彩过多则显得杂乱。

2. 多色处理

对组成景物的群体运用多种多样的颜色，例如红石板花架柱子配上白色的花架，栽以淡绿色的紫藤和暗绿色的针叶树为背景。由于多种颜色有色相和明暗的对比，景观给人的感觉显得比较生动活泼(彩图9)。

3. 对比色处理

色相、明暗对比强烈，给人的感受是醒目、突出。例如在草地上栽植红色的碧桃，红色的美人蕉，都能取得很好的效果。但若运用不好，容易产生失调或刺目，要注意对比色之间的面积大小关系(彩图10)。

4. 类似色处理

是从一种颜色逐渐变到另一种颜色的深浅色处理，多用于同一空间的景物相互过渡以取得协调，由于色相明暗变化缓和，给人的感受也比较柔和、安静。例如橙色、金黄色的花卉搭配，黄绿色、粉绿色、暗绿色的叶色组合等(彩图11)。

复习思考题

1. 什么是园景？园景的组成要素有哪些？
2. 简述园景美的特征是什么？
3. 谈谈对园景的"意境美"理解。
4. 影响赏景的因素有哪些？
5. 形式美的规律是什么？
6. 谈谈园景中如何运用对称与均衡的规律。
7. 举例分析对比手法在园景设计中的运用。
8. 举例分析韵律与节奏在园景中的应用。
9. 比例与尺度的差异在哪里？
10. 园景布局的原则是什么？
11. 画简图示意园景布局的形式有哪些？
12. 举例说明常用的造景手法有哪些？
13. 园景色彩包括哪些方面？举例说明如何利用色彩进行构图？

第二章 园景用地

山水是中国园景的骨架，园景建设最基础的工程就是地形的整理和改造。它牵涉面广、工程量大、工期较长，是主要的工程项目之一。

第一节 地形的作用与分类

"地形"是指地球表面在三维方向上的形状变化。园景建设要结合地形造景，但当原有地形与设计意图不相符合时，就需要对地形加以整理和改造。对地形处理的不同，就会产生不同的景观，如在平坦的地形上，既可以大草坪为主，配以局部的小型水面山地；也可以湖面为主，四周配以草坪绿地，这样，在景观构图上就有了明显的差异。

一、地形的作用

地形在园景中的作用是多方面的，概括起来主要有骨架作用、空间作用、景观作用和工程作用等几个方面。

1. 骨架作用

地形是构成景观的基本结构因素，其他因素都是叠加在这个构架表面的覆盖物。因此，地形作为各种造景要素的依托基础，对其他要素的安排与设置有着较大的影响和限制。例如：坡地的朝向、大小往往决定了建筑的平面布置和流线安排；园景道路的前进方向与地形的坡度密切相关，或垂直等高线布置或平行等高线布置；瀑布、溪流等各种水景的营造，同样也需要地形条件的配合。

2. 空间作用

地形可以构成不同形状、不同特点的园景空间，影响着人们对户外空间的心理感受。例如：平坦地形缺乏一种垂直方向的限制，缺乏空间的边界，形成开阔感(图 2-1-1)；而斜坡地形具有垂直方向的高度和限制，形成封闭空间，阻挡视线，产生私密感(图 2-1-2)。

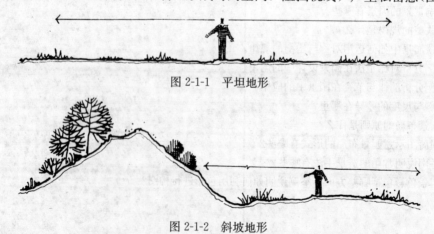

图 2-1-1　平坦地形

图 2-1-2　斜坡地形

3. 景观作用

平地、山地、坡地、水面等自然地形，本身就具有独特的视觉美感，园景设计时，要充分发挥各自的特点，合理地组织，扬长避短，就能产生千姿百态的景观效果。地形可以控制视线，在景观中将视线导向某一特定点，影响着某一固定点的可视景物和可见范围，形成观赏的连续性，当人仅看到景物的一部分时，就会充满好奇心，景点的全貌引导着游人继续向前走（图 2-1-3）。

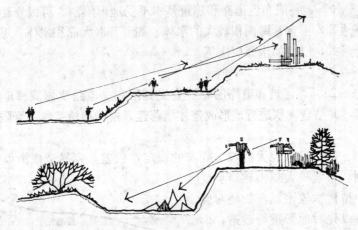

图 2-1-3　控制视线

地形作为造景要素的"基面"，还可以起着背景的作用。例如：开阔的草坪可以为雕塑、风景树丛提供背景，湖面可以成为岸边的建筑、树木的背景，地形能够使前景或主景更为突出，使景观富有层次感。

4. 工程作用

地形可以改善局部地区的小气候条件。例如：为了防风，可在场所中面向冬季寒风的那一边堆放土方，阻挡寒风；在炎热地区，利用地形引导夏季风穿过两个高地之间形成的谷地或洼地，以降低温度。

地形对于地表排水也有十分重要的意义，过于平坦不利于排水，坡度太陡，又易引起地面冲刷和水土流失。因此，要合理安排地形的分水线（即山脊最高点的连线）和汇水线（即山谷内最低点的连线），以便充分发挥地形排水的作用。

二、地形的类型

根据地形的地表形态、地形分割条件、地质构造、地形规模、特征及坡度等，可以对地形进行各种分类和评价，对于园景工程来说，地形分为陆地和水体两大类，陆地又分为平地、坡地和山地。

1. 平地

一般是指坡度小于 4‰ 比较平坦的用地。这种地形缺乏垂直因素，给人以轻松、空旷的感觉，可以作为人流集散、群体活动的场所，如建筑用地、广场、游乐场、露天舞场、草坪等。但是，大面积的平地又容易一览无余，显得平淡无味。因此，适当地将地形做成高低起伏的缓坡，或是利用其他景观元素进行组合、搭配，就可以创造出丰富的空间景观。

从地表径流来看，平地径流速度慢，有利于保护地形环境，减少水土流失。然而，过于平坦又不利于排水，容易积涝，因此，要求平地也具有一定的坡度，如草坪坡度为 1%～3%，广场坡度为 0.5%～1%。

2. 坡地

坡地就是倾斜的地面，它能使地形具有明显的起伏变化，增加了地形的生动性。根据地面倾斜的不同，可分为缓坡、中坡和陡坡三种。

（1）缓坡

坡度在 4%～10%，一般布置道路和建筑基本不受地形限制。可以修建活动场地、游憩草坪、疏林草地等，不宜开辟面积较大的水体，如要开辟大面积水体，可以采用不同标高水体叠落组合形式，以增加水面层次感。

（2）中坡

坡度在 10%～25%，建筑和道路的布置会受到限制。道路要做成梯道，建筑一般要顺着等高线布置，并结合现状进行地形改造才能修建，植物种植基本不受限制。

（3）陡坡

坡度在 25%～50% 的坡地为陡坡。陡坡的稳定性较差，容易造成滑坡甚至塌方，建筑规模受到限制，布置较大规模建筑会受到很大限制。种植树木较困难，如要对陡坡进行绿化，可以先对地形进行改造，形成小块平整土地，或在岩石缝隙中种植树木，必要时可以对岩石打眼处理，留出种植穴并覆土种植。

园景中的坡地是一个整体，缓坡、中坡、陡坡并不是截然分开的，变化的地形可以从缓坡逐渐过渡到陡坡与山体联系，在临水一面以缓坡逐渐伸入水中，或是将缓坡地改造成有起伏变化的地形(图 2-1-4)。

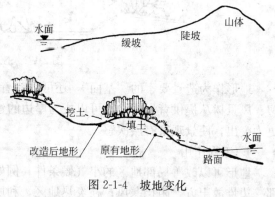

图 2-1-4　坡地变化

3. 山地

山地是指坡度在 50% 以上的用地。景观中可作为焦点或具有支配地位，为使用者提供登高望远的外向性视野，往往能表现出奇、险、雄等造景效果。山地上常常点缀亭、廊等单体小建筑，一般不能布置较大水体，但可结合地形设置瀑布、叠水等小型水体。植物生存条件比较差，要选择抗性好、生性强健的植物品种。

第二节　地　形　设　计

一、地形的表达

地形设计工作是根据地形设计原则在原地形图的基础上进行的，因此地形图的识读十分重要。

等高线是最常用的地形平面图表示方法。所谓等高线，就是指地面上高程相同的各相邻点所连成的闭合曲线。它是一种象征地形的假想线，在实际中并不存在(图 2-2-1)。

等高线中有一个术语叫等高距。是指在一个已知平面上，任何两条相邻等高线之间的垂直距离，它是一个常数。

等高线有以下几个特点：

（1）在同一条等高线上的所有点，其高程都相等。

（2）由于等高距是个常数，因此，等高线水平间距的大小就可以表示地形的倾斜度大小，等高线越密，则地形倾斜度越大；等高线越疏，则地形倾斜度越小（图2-2-2）。

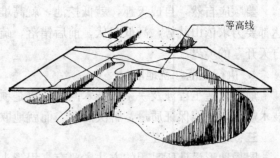

图 2-2-1　等高线示意

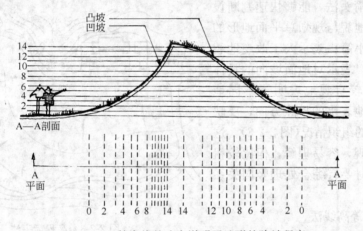

图 2-2-2　等高线的疏密说明了地形的陡峭程度

（3）所有等高线总是各自闭合的。由于设计红线范围或图框所限，在图纸上不一定每根等高线都能闭合，但实际上它还是闭合的，只不过闭合处在红线范围或图框之外。

（4）等高线一般不相交或重叠。但在某些垂直于水平面的峭壁、挡墙处，等高线会重合在一起。

二、地形设计原则

地形是其他造景要素的依据基础和底界面，构成了整个园景的骨架。其设计质量的好坏，所定各项技术经济指标的高低，设计的艺术水平如何，都将对园景建设的全局造成影响。因此，设计时应遵循以下原则：

1. 功能优先，造景并重

要考虑使园景地形的起伏高低变化能够适应各种功能设施的需要。对建筑、场地等用地，要设计为平地地形；对水体用地，要调整好水底标高、水面标高和岸边标高；对园路用地，则依山随势，灵活掌握。同时要注重地形的造景作用，尽量使地形变化适合造景需要。

2. 利用为主，改造为辅

尽量不动或少动原有地形与现状植被，以便更好地体现原有乡土风貌和地方的环境特色。在考虑园景各种设施的功能需要、工程投资和景观要求等综合因素的基础上，采取必要措施，进行局部的、小范围的地形改造。同时，也要考虑挖方和填土工程的基本相等，也就是要使土方平衡。

3. 因地制宜，顺应自然

要顺应自然，自成天趣，就低挖池，就高堆山。景物的安排、空间的处理、意境的表达都要力求依山就势，高低起伏，前后错落，疏密有致，灵活自由，达到"虽由人作，宛自天开"的境界。

4. 执行规范，就地取材

地形改造工程涉及一系列技术问题，也是项目中投资比较大的内容。只有执行相关的技术规范，才能保证质量，解决问题。而就地取材则可节约经费。

三、地形设计方法

园景地形设计所采用的方法主要有高程箭头法和设计等高线法。

（一）高程箭头法

应用高程箭头法，能够快速判断设计地段的自然地貌与规划总平面地形的关系。用细线小箭头表示人工改变地貌时的变化情况，表示对地面坡向的具体处理情况，比较直观地表明了不同地段、不同坡面地表水的排除方向，反映出对地面排水的组织情况（图2-2-3）。这种表达比较直观，容易理解，但比较粗略，确定标高时要有综合处理竖向关系的工作经验。

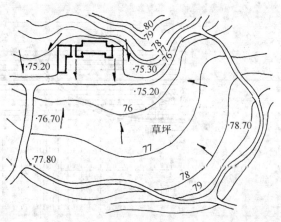

图 2-2-3　高程箭头法

（二）设计等高线法

这是地形设计的主要方法，用设计等高线和原地形的自然等高线，可以在图上表示出地形被改动的情况，一般用于对整个园景的地形设计。绘图时，设计等高线用细实线绘制，自然等高线则用细虚线绘制，由于地形设计图与原地形图是同一比例大小，因此，在设计图上，设计等高线低于自然等高线之处为挖方，高于自然等高线处则为填方，填、挖的范围在图上表达得很清楚（图2-2-4）。

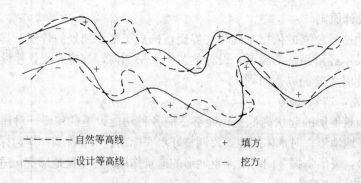

------ 自然等高线　　　　　　+　填方

———— 设计等高线　　　　　　-　挖方

图 2-2-4　设计等高线

第三节　土　方　施　工

对地形的改造最终需要土方工程施工才能得以实现，园景工程建设都是要先动土。土方施工的速度与质量，将会直接影响到后续的其他工程，因此，必须重视土方施工。

一、土方施工的准备工作

在施工前应进行认真、周全的准备，合理组织和安排工程进度，否则容易造成窝工甚至返工，进而影响工效，带来不必要的浪费。施工准备工作应包括以下几个方面：

1. 研究和审查图纸

检查图纸和资料是否齐全，图纸是否有错误和矛盾；掌握图纸内容及各项技术要求，进行图纸会审。

2. 踏勘施工现场

摸清工程现场情况，收集施工相关资料，如施工现场的地形、地貌、地质、水文气象、运输道路、植被、邻近建筑物、地下设施、供水、供电等。调查设计图纸与现场情况的差异。

3. 编制施工方案

根据业主要求的施工进度及施工质量进行可行性分析，制定出符合本工程要求及特点的施工方案与措施。绘制施工总平面布置图和土方开挖图，对施工人员、施工机具、施工进度及流程进行周全、细致的安排。

4. 清理现场

(1) 在拆除建筑物与构筑物时，应根据其结构特点，按照《建筑工程安全技术规范》的规定进行操作。

(2) 如果施工现场内的地面、地下或水中发现有管线通过或其他异常物体时，应事先请有关部门协调查清，在未查清前，不可动工，以免发生危险或造成其他损失。

(3) 有碍挖方和填方的草皮、乔灌木及竹类应先行挖除，凡土方挖深不大于50cm，或填方高度较小的土方施工，其施工现场及排水沟中的树木，都必须连根拔除。伐除树木可用锯斧等工具进行，大树一般不允许砍伐。

5. 做好排水设施

对场地积水应立即排除。在地下水位高的地段和河地湖底挖方时，必须先开挖先锋沟(图2-3-1)，设置抽水井，选择排水方向，在施工前几天将地下水抽干，或保证地下水位在施工面1.5m以下。施工期间，更须及时抽水。为保证排水通畅，排水沟的纵坡不应小于2‰，沟的边坡值为1:1.5，沟底宽及沟深不小于0.5m。挖湖施工中的排水沟深度应深于水体挖深。

6. 定点放线

(1) 平整场地的放线：一般采用方格网法施工放线。用经纬仪将图纸上的方格测设到地面上，在每个方格网交点处立桩木，桩木上应标有桩号和施工标高(图2-3-2)。桩号与施工图上方格网的编号相一致，施工标高中挖方注上"＋"号，填方注"－"。

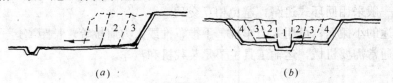

|(a)|(b)|

图 2-3-1　施工场地的排水方法

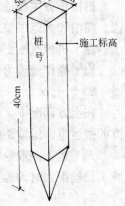

图 2-3-2　桩木

（2）自然地形的放线：仍然可以利用方格网作为控制网。堆山填土时由于土层不断加厚，桩可能被土埋没，常采用标杆法或分层打桩法（图 2-3-3）。对于较高山体，常采用分层打桩法。

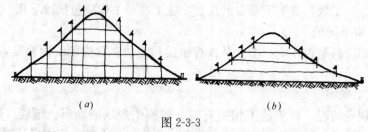

图 2-3-3
（a）标杆法；（b）分层打桩法

挖湖工程的放线和山体放线基本相同，由于水体挖深一般较一致，而且池底常年淹没在水下，放线可以粗放些，但水体底部应尽可能整平，岸线和岸坡的定点放线应该准确，这不仅具有造景作用，而且和水体岸坡的稳定也有很大关系。

7. 准备机具、物资及人员

将挖土、运输车辆及施工用料和工程用料准备好，并按施工平面图堆放，配备好土方工程施工所需的各专业技术人员、管理人员和技术工人等。

二、土方施工

土方施工可分为 4 个阶段，即挖、运、填、压。其施工方式有人力施工、半机械化施工、机械化施工等。一般来说，规模大、土方较集中的工程应采用机械化施工；而工程量小、施工点分散的工程，或因受场地限制不便使用机械化施工的地段，应采用人工施工或半机械化施工。

1. 挖方

人力挖方适用于一般园景建筑、构筑物的基坑（槽）和管沟以及小溪流、假植沟、带状种植沟和小范围整地的挖方工程。

施工机具主要为铁锹、铁镐、钢钎等。

施工流程为：确定开挖顺序和坡度——确定开挖边界与深度——分层开挖——修整边缘部位——清底。

机械挖方主要适用于较大规模的园景建筑、构筑物的基坑（槽）和管沟以及园景中的河流、湖泊和大范围整地的土方施工。

施工机械有挖土机、推土机、铲运机、自卸汽车等。

施工操作流程为：确定开挖的顺序和坡度——分段分层平均下挖——修边和清底。

2. 运土

在土方调配中，一般都按照就近挖方和就近填方的原则，力求土方就地平衡以减少土方的搬运量。运输路线一般采用回环式道路，避免相互交叉。

人工运土一般是短途的小搬运，可用人力车拉、手推车推或人力肩挑等。长距离运土或工程量很大时的运土通常需要机械，运输工具主要是装载机和汽车。

3. 填方

必须根据填方地面的功能和用途，选择合适土质的土壤和施工方法。如作为建筑用地的填方区土壤以满足将来的地基稳定为原则,而绿化地段的填方区土壤则应满足植物的种植要求。

施工流程:基底地坪的清整——检验土质——分层铺土、耙平——分层夯实——检验密实度——修整找平验收。

大面积填方应分层填土,一次不要填太厚,最好填一层就筑实一层。在自然斜坡上填土时,先把斜坡挖成阶梯状,然后再填入土方,增强新填土方与斜坡的结合性,保证新填土方的稳定性(图2-3-4)。

填自然式山体时,应以设计的山头为中心,采用螺旋式分路上土法,每经过全路一遍,便顺次将土卸在路两侧,空载的车(人)沿线路继续前行下山,不走回头路,不交叉穿行(图2-3-5)。

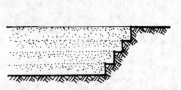 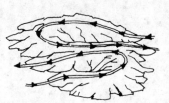

图2-3-4　斜坡填土法　　　　　图2-3-5　土山的推卸土路线

堆土做陡坡时,用袋装土,直接垒出陡坡。陡坡的后面,要及时填土夯实,使两者结成整体以增强稳定性。陡坡垒成后,用湿土对坡面培土,掩盖土袋使整个土山浑为一体(图2-3-6)。

土山的悬崖部分一般要用假山石或块石浆砌做成挡土石壁,然后在背面填土,石壁砌筑至1.2～1.5m时,应停工几天。待水泥凝固硬化,并在石壁背面填土夯实之后,才能继续向上砌筑崖壁(图2-3-6)。

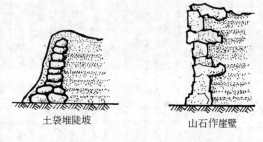

土袋堆陡坡　　　　　山石作崖壁

图2-3-6　陡坡悬崖的堆土结构

4. 压实

土方压实分为人力和机械两种。人力夯实可采用木夯、石硪、滚筒、石碾等工具,一般2人或4人为一组,适用于面积较小的填方区。机械夯实所用机械有碾压机、拖拉机带动的铁碾等,适用于面积较大的填方区。采用土方夯实应注意以下几点:

(1) 为保证土壤相对稳定,压实要求均匀。

(2) 填方时必须分层堆填,分层碾压夯实,否则会造成土方上紧下松。

(3) 注意土壤含水量,过多或过少都不利于夯实。

(4) 从边缘向中心打夯,否则边缘土方外挤易引起坍落。

(5) 打夯应先轻后重。

5. 雨期施工

在雨期、冬期施工时,必须掌握当地的气象变化,要从施工方法上采取相应的技术措施。

复习思考题

1. 地形在造景中的作用有哪些方面?
2. 平地、山地、坡地分别在造景中起着什么作用?
3. 地形设计的原则是什么?
4. 识读地形设计图。
5. 谈谈土方施工的主要步骤。

第三章 假 山 工 程

假山是以造景或登高览胜为目的，用土、石等材料人工构筑的模仿自然山景的构筑物，它不仅师法于自然，而且还凝聚着造园家的艺术创造，可谓"片山有致，寸石生情"。假山是中国古典园景中最具民族特色的一部分，是园景建设的专项工程。

第一节 假山的功能与分类

一、假山的功能

1. 骨架功能

整个园子的地形骨架、起伏和曲折都以假山为基础来变化，现有的许多中国古典园景莫不如此，如南京的瞻园、上海的豫园、苏州的环秀山庄等，扬州的个园更是以春、夏、秋、冬四季假山作为全园的主景而独树一帜。

2. 空间组织

利用假山，可以对园景空间进行分隔和划分，将空间分成大小不同、形状各异、富于变化的形态。比如扬州平山堂园景，峰石相同，园门隐隐约约，山道弯曲，空间幽深（图3-1-1），通过假山的穿插、分隔、围合、聚集，在假山区创造出游览路线的流动空间、山坳的闭合空间、峡谷的纵深空间、山洞的拱穹空间等各具特色的空间形式。另外，还可以结合对景、框景、夹景等造景手法灵活应用。比如北京恭王府飞来峰，一石耸立，既是障景，又增加了空间层次，更有淡雅之趣（图3-1-2）。

图 3-1-1 扬州平山堂园景

图 3-1-2　北京恭王府飞来峰

3. 造景功能

假山是自然山地景观在园景中的再现，奇峰异石、悬崖峭壁、层峦叠嶂、泉石洞穴等景观形象，都可以通过假山石景在园景中表现出来，成为园景的主题。假山与其他造园要素结合，或石峰临空，或藉粉墙前散置，或以竹、石等配合在庭园中、墙角处、水池边、屋顶花园等小环境中构成观赏小品，用来点缀风景，增添情趣。比如苏州耦园的园景小品（图 3-1-3）。

图 3-1-3　苏州耦园小景

作为附属性的景物成分，山石还能用于陪衬、烘托其他景物。例如在草坪的孤植树下半埋两三块山石，在溪流边作出石驳岸，用自然山石作花台的边缘石等等，都可以很好地陪衬全景。

4. 工程功能

山石可作驳岸、挡土墙、护坡和花台等。在坡度较陡的土山坡地常常散置山石以护坡，从而减少水土流失；在坡度更陡的山上往往开辟成自然式的台地，在山的内侧所形成的垂直土面多采用山石作挡土墙，曲折、起伏，凹凸多致，显得自然有趣。

5. 使用功能

利用假山可以作为室内外自然式的家具或陈设，如石榻、石桌、石凳、石栏等，既不怕日晒夜露，又可结合造景。例如现置无锡惠山山麓唐代的"听松石床"就是一例。此外，山石还可用作室外楼梯（称为云梯）、园桥、汀石等（图 3-1-4）。

图 3-1-4　假山云梯

总之，这些功能都是和造景密切结合的。山石与建筑、园路、广场、植物等要素组成各式各样的园景，使人工建筑或构筑物自然化，减少了建筑物某些平板、生硬的线条，增加自然、生动的气氛，使人工美通过假山或山石的过渡与自然山水园的环境取得协调的关系。因此，假山成为表现中国自然山水园最普遍、最灵活和最具体的一种造景手段。

二、人们通常称呼的假山实际上包括假山和置石两个部分

1. 根据假山使用的土石情况，可分为四种

（1）土山：是以泥土作为基本堆山材料，在陡坎、陡坡处用块石作护坡、挡土墙或作磴道，但不采用自然山石在山上造景。

（2）带石土山：又称"土包石"，是土多石少的山。其主要堆山材料是泥土，只是在土山的山坡、山脚处点缀岩石，在陡坎或山顶部分用自然山石堆砌成悬崖绝壁景观，一般还有山石做成的梯级蹬道。

（3）带土石山：又称"石包土"，是石多土少的山。从外观看主要是由自然山石造成山体，山石多用在山体的表面，由石山墙体围成假山的基本形状，墙后则用泥土填实。这种土石结合而露石不露土的假山，适于营造奇蜂、悬崖、深峡、崇山峻岭等多种山地

景观。

（4）石山：其堆山材料主要是自然山石，只在石间空隙处填土配植植物。主要用在庭院、水池等空间比较闭合的环境中，或者作为瀑布、滴泉的山体应用。

2. 置石

置石是以石材或仿石材料布置成自然露岩景观的造景手法，主要表现山石的个体美或局部的组合，可分为特置、散置和群置等。

一般来说，假山体量较大而集中，可观可游，使人有置身于山林之感。置石则主要以观赏为主，结合一些功能方面的作用，体量较小而分散。

除用自然山石营造假山外，我国岭南的园景中还有灰塑假山的工艺，后来又逐渐发展成为用水泥塑的置石和假山，成为假山的一种专门工艺。

第二节 石 材 种 类

在古代，对假山石多以产地相称，如产于广东英德县的英石、产于太湖的太湖石等都是如此。还有一些山石则是按地方的习惯名称来称呼的，如苏州的黄石、北京的青石和西南地区的钟乳石、水秀石等。只有少数山石是按岩石学的名称来命名的，如四川目前所用的云母片石，就是黑云板岩的岩石。常用的假山石种类主要有：

1. 湖石

即太湖石，因原产太湖一带而得名，它是江南园景中运用最普遍的一种，也是历史上开发较早的一类山石。它是经过溶融的石灰岩，在我国分布很广，只是在色泽、纹理和形态方面有些差别，在这一类中又可分为以下几种：

（1）太湖石

真正的太湖石原产于苏州所属太湖中的洞庭西山，山石质坚而脆。由于风浪或溶融作用，其纹理纵横，脉络显隐。石面上遍多坳坎，称"弹子窝"，叩之有微小声音，还很自然地形成沟、缝、穴、洞，有时窝洞相套，玲珑剔透，有如天然雕塑品，观赏价值较高。

（2）房山石

产于北京房山大灰厂一带山上，是红色山土所渍满的石灰岩。新开采的房山石呈土红色、橘红色或更淡一些的土黄色，日久以后表面带些灰黑色，质地不如南方的太湖石那样脆，但有一定的韧性。这种山石也具有太湖石的涡、沟、环、洞的变化，因此也有人称之为北方湖石。它的特征除了颜色和太湖石有明显区别之外，体量比太湖石大，叩之无共鸣声，密集的小孔穴多而大洞少，外观比较沉实、浑厚、雄壮，这与太湖石外观轻巧、清秀、玲珑有明显的差别。与这种山石比较接近的还有镇江所产的岘山石，形态颇多变化而色泽淡黄、清润，叩之有微声，也有灰褐色的，石多穿眼相通，有外运至外省掇山的。

（3）英石

是岭南园景中所用的山石，也常见于几案石品，原产广东省英德县一带，英石质坚而特别脆，用手指弹叩有较响的共鸣声。英石呈淡青灰色，间有自然脉络，这种山石多为中、小形体，很少见有大块的。英石又分白英、灰英和黑英三种，一般所见以灰英居多，白英、黑英均罕见，所以多用于特置或散点。

（4）灵璧石

原产安徽省灵璧县，石产土中，被红泥渍满，须刮洗方显本色，其石呈灰色而甚为清润，质地亦脆，用手指弹亦有共鸣声，石面有坳坎的变化，石形亦千变万化，但其眼少，有婉转回折之势，须借助人工以显其美，这种山石可作山石小品，更多的情况下作为盆景石玩。

（5）宣石

产于安徽宁国县，其色犹如积雪覆于灰色石面上，也由于为红土积渍，因此又带些赤黄色，不刷干净不见其质，所以愈旧愈白。由于它有积雪一般的外貌，扬州个园用它作为冬山的材料，效果很好。

2. 黄石

是一种带橙黄颜色的细砂岩，产地很多，以常熟虞山的自然景观为著名，苏州、常州、镇江等地皆有所产。其形体见棱见角，节理面近乎垂直、雄浑沉实，与湖石相比又是另一番景象，平正大方，立体感强，块钝而棱锐，具有强烈的光影效果。明代所建上海豫园的大假山、苏州耦园的假山和扬州个园的秋山均为黄石掇成的佳品。

3. 青石

青石是一种青灰色的细砂岩，北京西郊洪山口一带均有所产。青石的节理面不像黄石那样规整，不一定是相互垂直的纹理，也有交叉互织的斜纹，就形体而言，多呈片状，故又有"青云片"之称。北京圆明园"武陵春色"的桃花洞，北海的濠濮间和颐和园后湖某些局部都用这种青石为山。

4. 石笋

石笋是外形修长如竹笋的一类山石总称。这类山石产地颇广，石皆卧于山水中，采出后直立地上，园景中常作独立小景布置，如个园的春山等。常见石笋有以下几种：

（1）白果笋

在青灰色的细砂中沉积了一些卵石，似银杏树所产的白果嵌在石中一样，因此而得名。有些地方把大而圆的头向上者称为"虎头笋"，而上面尖而小的称为"凤头笋"。

（2）乌炭笋

顾名思义，这是一种乌黑色的石笋，比煤炭的颜色稍浅而无甚光泽，常用浅色景物作背景，使石笋的轮廓更清新。

（3）慧剑

这是北京地区的称法，指的是一种净面青灰色或灰青色的石笋。北京颐和园前山东腰有高达数丈的大石笋，就是慧剑作特置的小品。

（4）钟乳石笋

是将石灰岩经溶融而成的钟乳石倒置，或用石笋正放用以点缀景色。

5. 其他石品

诸如木化石、松皮石、石珊瑚、石蛋等。木化石古老质朴，常作特置或对置。松皮石是一种暗土红石质中杂有石灰岩的交织细片，石灰石部分经长期溶融或人工处理以后脱落成空块洞，外观像松树皮突出斑驳一般。石蛋即产于海边、江边或旧河床的大卵石，有砂岩及各种质地的。

各类假山材料见图3-2。

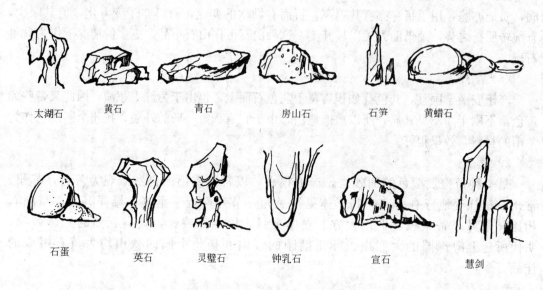

太湖石　　黄石　　青石　　房山石　　石笋　　黄蜡石

石蛋　　英石　　灵璧石　　钟乳石　　宣石　　慧剑

图 3-2　各类假山材料

第三节　置　石

置石用的山石材料少，结构较简单，施工方便，常常点缀局部景点，如土山、水畔、庭院、墙角、路边及树下，作为观赏引导和联系定向。其主要的布置方式有特置、孤置、散置和作为陈设小品等。

1. 特置

大多由单块山石布置成为独立性的石景，又称孤置山石、孤赏山石。由于某单块山石的姿态突出，或玲珑或奇特，就特意摆在一定的地点作为一个小景或局部的一个构图中心来处理，具有独特的观赏价值。特置可在正对大门的广场上，门内前庭中或别院中，例如苏州的瑞云峰以体量特大，姿态不凡，且遍布窝洞而著名(图3-3-1)。著名的特置有江南三大名石：苏州留园内的"冠云峰"，上海豫园内的"玉玲珑"，杭州花圃内的"绉云峰"。

特置好比单字书法或特写镜头，本身应具有比较完整的构图关系。因此应选体量大、轮廓线突出、姿态多变、色彩突出的山石。这种山石如果和一般山石混用，便会埋没它的观赏特征。特置山石可采用整形的基座，

图 3-3-1　特置

也可以坐落在自然的山石上面，这种自然的基座称为"磐"。

特置山石在工程结构方面要求稳定和耐久，关键是掌握山石的重心线，使山石本身保持重心的平衡。我国传统的做法是用石榫头稳定，榫头一般不用很长，大致十几厘米到二十几厘米，根据石的体量而定。石榫头必须正好在重心线上，基磐上的榫眼比石榫的直径略大一点，但比石榫头的长度要深一点，这样可以避免石榫头顶住榫眼底部而石榫头周边不能和基磐接触。吊装山石之前，只需在石榫眼中浇灌少量粘合材料，待石榫头插入时，粘合材料便自然地充满了有空隙的地方（图 3-3-2）。

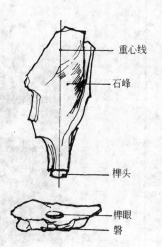

图 3-3-2　石榫示意

2. 孤置

孤立独处地布置单个山石，并且山石是直接放置在或半埋在地面上，这种石景布置方式是孤置（图 3-3-3）。

孤置的石景常常起到点缀环境的作用，当作园景局部地方的一般陪衬景物使用，也可布置在其他景物之旁。它可以在路边、草坪上、水边、亭旁、树下，也可以布置在建筑或园墙的漏窗、取景窗后，与窗口一起构成漏景或框景。

在山石材料的选择方面要求并不高，只要石形自然都可以使用。

3. 散置

是将山石零星散置，所谓"攒三聚五"。布置时，要有紧有散，有断有续，主次分明，高低错落，疏密有致。散置的运用最为广泛，在掇山的山脚、山坡、山头，在池畔水际，在溪涧河流，在林下，在花境中，在路旁，都可以散点而得到意趣。散点无定式，随势随形而定点（图 3-3-4）。

4. 山石陈设

将自然山石作室外环境中的家具陈设，既有实用价值，又有一定的造景效果，这种石景的布置方式，即是山石陈设（图3-3-5）。

作为休息用地的小品设施，宜布置在林中空地、树林边缘地带、行道树下等，以免因夏季日晒而游人无法使用。山石陈设除承担一些实用功能之外，还可用来点缀环境，增强环境的自然气息。

用作山石陈设的石材，应根据其用途来

图 3-3-3　孤置

图 3-3-4　散置

选择。如果作为山石几案或石桌的面材，应选片状山石，或至少有一个平整表面的块状山石。如做桌、几的脚柱，则要选墩实的块状山石。选用的材料应比一般家具的尺寸大一些，使之与室外空间相称。

图 3-3-5　山石陈设

第四节　掇　　山

　　掇山是指用自然山石掇叠成假山。它应根据石块的阴阳向背、纹理脉络、石形石质进行构思，使叠石形象、生动、优美。

　　掇山的基本法则是："有真为假"，说明了掇山的必要性；"做假成真"，提出了对掇山的要求。真山真水是造山的客观依据，但对自然的山水素材必须进行去粗取精的艺术加工，概括和夸张，才能使它更为精炼和集中，达到"虽由人作，宛自天开"的效果。

一、掇山的手法

1. 山水结合，主次分明

中国园景把自然景观看成是一个综合的生态环境，喻山为骨骼、水为血脉、建筑为眼睛、道路为经络、树木花草为毛发，强调自然景观的综合性和整体性，如果片面地强调堆山掇石而忽略其他的因素，必然是缺乏自然的活力，成功的假山均循此理而达到"做假成真"的境界。例如上海豫园黄石大假山以幽深曲折的山涧破山腹，然后流入山下的水池；苏州环秀山庄山峦拱伏构成主体，弯月形水池环抱山体两面，一条幽谷山洞穿贯山体再入水池。

2. 因地造山，巧于因借

自然山水景物是十分丰富多样的，在一个具体的园址上究竟要在什么位置上造山，造什么样的山，采用哪些山水地貌组合单元，都必须结合自然地形，根据主观要求和客观条件的可能性把所有的园景构成因素作统筹的安排。

3. 三远变化，远近相宜

如果园址的附近有自然山水环境，那就要灵活地加以利用。在"真山"附近造假山是用"混假于真"的手段取得"真假难辨"的造景效果。例如位于无锡惠山东麓的寄畅园借九龙山、惠山于园内作为远景，在真山前面造假山，如同一脉相贯。同时，要主景突出，先立主体，再考虑如何搭配次要景物以突出主体景物。例如瞻园、个园以山为主景，以水体和建筑辅助山景；而留园东部庭院则是以建筑为主体，以山、水陪衬建筑。假山必须根据其在总体布局中的地位和作用来安排，最忌不顾大局和喧宾夺主。

确定假山的布局地位以后，假山本身还有主从关系的处理问题。先定主峰的位置和体量，然后再辅以次峰和配峰。宋代郭熙《林泉高致》说："山有三远。自山下而仰山巅谓之高远；自山前而窥山后谓之深远；自近山而望远山谓之平远。"假山在处理三远变化时，需要统一考虑山体的组合和游览线路布置两个方面，把主要视距控制在1∶3以内。

4. 远观山势，近看石质

"远观势，近观质"。"势"指山水的形势，即山水的轮廓、组合与所体现的形势和性格特征；对假山的细部处理，就是"近看质"的内容。石质和石类有关，例如湖石具有外观圆润柔曲、玲珑剔透、涡洞相套、皱纹疏密的特点；黄石各方石面平如刀削斧劈，外观方正刚直、浑厚沉实、层次丰富、轮廓分明。当然，石质和皱纹的关系是很复杂的，但无论何种石材至少要分出竖纹、横纹和斜纹几种变化，掇山置石必须讲究皱法才能做到"掇山莫知山假"。

5. 寓情于石、情景交融

假山很重视内含与外表的统一，常运用象形、比拟和激发联想的手法造景，要求无论置石或掇山都讲究"弦外之音"。

扬州个园的四季假山是寓四时景色方面别出心裁的佳作。春山是序幕，在挺竹中置石笋以象征"雨后春笋"；夏山选用灰白色太湖石作积云式叠山，并结合荷池、夏荫来体现夏景；秋山是高潮，选用富于秋色的黄石叠高垒胜以象征"重九登高"的俗情；冬山是尾声，选用宣石为山，山后栽腊梅，宣石有如白雪覆石面，皑皑耀目，加之墙面上风洞的呼啸效果使冬意更浓。冬山和春山仅一墙之隔，却又开透窗，自冬山可窥春山，有"冬去春来"之意(图3-4-1)。

二、假山的施工

（一）施工前期的准备

1. 施工材料的准备

根据假山设计意图，确定所选用的山石种类，最好到产地直接对山石进行初选，变异大的、孔洞多的和长形的山石可多选些；石形规则、石面非天然生成而是爆裂面的、无孔洞的矮墩状山石可少选或不选。在山石运回过程中，对易损坏的奇石应给予包扎防护。山石材料应在施工之前全部运进施工现场，并将形状最好的一个石面向着上方放置。山石在

春山　　　　　　　　　　　　　　夏山

秋山　　　　　　　　　　　　　　冬山

图 3-4-1　扬州个园四季假山

现场不要堆起来，而应平摊在施工场地周围待选用。如果假山设计的结构形式是以竖立式为主，则需要长条形山石比较多，在长形石数量不足时，可以在地面将形状相互吻合的短石用水泥砂浆对接在一起，成为一块长形山石留待选用。同时，准备一些在叠山过程中需要消耗的结构性材料，如水泥、石灰、砂石及少量颜料等。

2. 施工工具的准备

绳索是绑扎石料后起吊搬运的工具之一，假山石块一般都是经过绳索绑扎后起吊搬运到施工工地叠置而成的。吊运石料的正确操作方法是绳索活扣，它的打结法与一般起吊搬运技工的活结法相同。

杠棒是原始的搬抬运输工具，简单、灵活、方便，仍有其使用价值。较重的石料要求双道杠棒或 3～4 道杠棒由 6～8 人杠抬，要求每道杠棒的负荷平均，避免负荷不均而造成工伤事故。

撬棍是指用粗钢筋或六角空芯钢长约 1～1.6m 不等的直棍段，在其两端各锻打成偏宽锲形，与棍身呈 45°～60°不等的撬头，以便将其深入待撬拨的石块底下，用于撬拨要移动的石块。

大、小榔头用于锤击石块需要击开的部分，一般多用 24 磅、20 磅到 18 磅大小不等的大型榔头。

"柳叶抹"是在假山施工中，对嵌缝修饰使用的一种简单的手工工具，像泥雕艺术家用的塑刀一样。其他还有石料的吊装工具和运输工具，在此不多赘述。

（二）假山施工

1. 定位与放线

按照设计图方格网及定位关系，将方格网放大到施工场地的地面上，再用白灰将山脚线、山石的堆砌范围绘在地面上。依据地面的山脚线，向外取50cm宽度绘出一条与山脚线相平行的闭合曲线，这条闭合线就是基础的施工边线。

2. 基础施工

基础必须保证假山的稳固性，不同规模、重量的假山，其压力不一样，所选用的基础类型也不一致，常用的有以下几种（图3-4-2）：

（1）混凝土基础：根据荷载大小，经设计确定基础尺寸和配合比。基槽挖成后夯实底面，按设计做好垫层，按照基础设计所规定的配合比，将水泥、砂和卵石搅拌配制成混凝土，浇筑于基槽中并捣实铺平。

（2）浆砌块石基础：基槽地面夯实后，可用碎石3∶7灰土或1∶3水泥干砂铺在地面做垫层，垫层之上再做基础层。做基础用的块石应为棱角分明、质地坚实、有大有小的石材，一般用水泥砂浆砌筑。

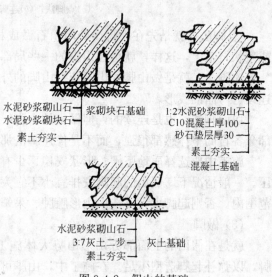

图 3-4-2　假山的基础

（3）灰土基础：基槽挖好后，将槽底地面夯实，再填铺灰土做基础。灰土基础所用石灰应选新出窑的块状灰，在施工现场浇水化成细灰后再使用。灰土中的泥土一般就地采用素土，灰、土应充分混合，铺一层（一步）就要夯实一层，使基础的顶面成为平整的表面。

3. 山脚施工

假山山脚直接落在基础之上，是山体的起始部分，主要工作内容是拉底、起脚和做脚三部分。

（1）拉底

就是在山脚范围内砌筑第一层山石，即做出垫底的山石层，其处理方式有两种：

露脚：即在地面上直接做起山底边线的垫脚石圈，使整个假山就像是放在地上似的，效果稍差。

埋脚：即将山底周边垫底山石埋入土下约20cm，可使整座假山仿佛是从地下长出来似的，与地面的结合紧密、自然。

在拉底施工中，要注意选择适合的山石来做山底，要求材料大块、坚实、耐压，不得用风化过度的松散山石。另外，假山空间的变化都立足于这一层，山脚的轮廓线要打破砌直墙的概念，破平直为曲折，错落变化，山石之间要有不规则的断续相间，有断有连。

（2）起脚

在垫底的山石层上开始砌筑假山，就叫"起脚"。可以采用点脚法、连脚法或块面脚法 3 种做法（图 3-4-3）。

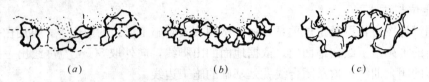

图 3-4-3　起脚边线的做法
(a)点脚法；(b)连脚法；(c)块面脚法

点脚法：就是先在山脚线处用山石做成相隔一定距离的点，点与点之上再用片状石或条状石盖上，这样，就可在山脚的一些局部造出小的洞穴。

连脚法：就是做山脚的山石依据山脚的外轮廓变化，呈曲线状起伏连接，使山脚具有连续、弯曲的线形。

块面脚法：也是连续的，但做出的山脚线呈现大进小退的形象，山脚凸出部分与凹进部分各自的整体感都很强，而不是像连脚法那样小幅度的曲折变化。

施工中要选择质地坚硬、形状安稳、少有空穴的山石材料，以保证能够承受山体的重压。一般情况下，假山的起脚安排宜小不宜大，宜收不宜放，一定要控制在地面山脚线的范围内，否则起脚太大，造成山形臃肿、呆笨，没有一点险峻的态势时，不好修改。

（3）做脚

就是在假山的上面部分山形山势大体施工完成以后，在紧贴起脚石外缘部分拼叠山脚，以弥补起脚造型不足。在施工中，山脚可以做成如图 3-4-4 所示的几种形式。

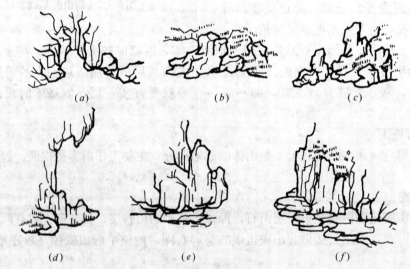

图 3-4-4　山脚的造型
(a)凹进脚；(b)凸出脚；(c)断连脚；(d)承上脚；(e)悬底脚；(f)平板脚

4. 山体施工

主要是通过吊装、堆叠、砌筑操作来完成假山的造型。由于假山可以采用不同的结构形式（图 3-4-5），因此，在山体施工中也就相应要采用不同的堆叠方法。

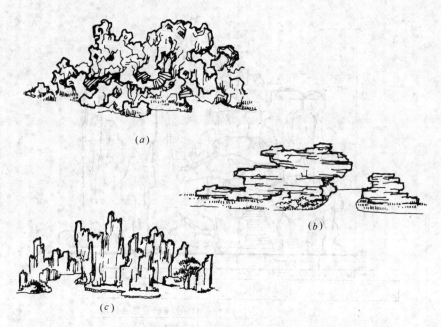

图 3-4-5　假山的结构形式
(a)环透式；(b)层叠式；(c)竖立式

（1）山体结构

1）环透式结构

它是指采用多种不规则孔洞和孔穴的山石，组成具有曲折环行通道或通透形空洞的一种山体结构。

2）层叠式结构

假山形象具有丰富的层次感，一层层山石可以水平方向层叠或是倾斜方向叠砌，容易获得多种生动的艺术效果。

3）竖立式结构

可以造成假山挺拔、雄伟、高大的艺术形象，山石全部采用立式砌叠，山体内外的沟槽及山体表面的主导皱纹线，都是从下至上竖立着的，整个山势呈向上伸展的状态。

4）填充式结构

一般的土山、带土石山和个别的石山，或者在假山的某一局部山体中，都可以采用这种结构形式。山体内部由泥土、废砖石或混凝土材料填充起来。

当山体全由泥土堆填构成，或者在用山石砌筑的假山壁后或假山穴坑中用泥土填实时，既能够造出陡峭的悬崖绝壁，又可少用山石材料，也十分有利于假山上的植物生长。

以无用的碎砖、石块和建筑渣土作为填充材料，填埋在石山的内部或者土山的底部，既可增大假山的体积，又处理了园景工程中的建筑垃圾，一举两得。有时，需要砌筑的假山山峰又高又陡时，可从内部将山峰凝固成一个整体。

（2）山体的堆叠手法

无论是堆山还是叠石，要取得完美的造型并保证其坚固耐久，就要利用石料本身的力学性能，构成合理的结构关系。在传统的施工中总结了一些字诀（图 3-4-6）。比如：

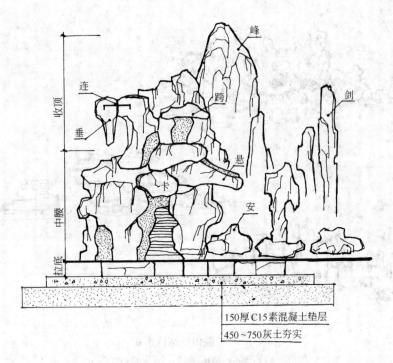

图 3-4-6　堆叠手法示意

安：一切对山石的摆放叠置。

连：左右水平的搭接相连。

跨：为增加石美而旁侧挂石。

悬：当空下垂。

剑：以竖向特征取胜。

垂：旁侧下垂的安石。

（3）山顶结构

山顶立峰，是叠山的最后一道工序，即处理假山最顶层的山石。从结构上讲，收顶的山石要求体量较大，以便合凑收压；从外观上看，顶层的体量虽不如中层大，但有画龙点睛的作用，因此，要选用轮廓和体态都富有特征的山石。

收顶一般分峰、峦、平顶三种类型，在各种类型的造型上也有一些差异（图 3-4-7）。峰顶显得高耸，挺拔向上，山形变化丰富，常常作为山体的主景；峦顶呈不规则的园丘状隆起，似丘陵景观，观赏性较弱；而平顶可使假山供人游憩，作为观景的最佳之处。

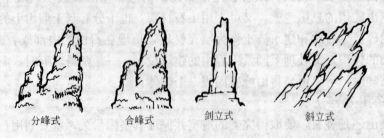

分峰式　　　合峰式　　　剑立式　　　斜立式

图 3-4-7　峰顶的收顶方式

5. 人工塑山石

人工塑山石可免除采石、运石的辛苦，造型不受石材限制，施工期短而见效快。

人工山石的内部构造有两种形式：第一种是钢筋网结构（图3-4-8），用角钢或钢筋编扎成山石的模胚形状，作为结构骨架；然后再用钢筋网或铁丝网蒙在骨架外面，固定后用水泥砂浆仿石纹抹面。第二种为砖石结构，用废旧砖石材料砌筑成与设计石形差不多的形状，为节省材料，也可在砌体内留出空室；再用水泥砂浆仿石纹抹面。

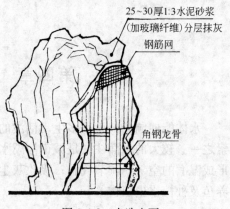

25~30厚1:3水泥砂浆（加玻璃纤维）分层抹灰
钢筋网
角钢龙骨

图 3-4-8　人造山石

复习思考题

1. 假山在园景中的作用是什么？
2. 识别当地的主要假山石材种类。
3. 总结当地园景中置石的手法有哪些？
4. 掇叠假山要注意哪些问题？
5. 赏析中国古典园景中的假山佳作。

第四章 水景建造

水体能使园景产生很多生动活泼的景观，形成开朗的空间和透景线，是园景的重要因素之一。较大的水面往往是城市河湖水系的一部分，可以用来开展水上活动；蓄洪排涝；形成湿润的空气，调节气温；吸收灰尘，有助于环境卫生；供给灌溉和消防用水；也可以养鱼及种植水生植物。

第一节 水体的功能与分类

一、水体的功能
水体在园景中起着基底作用、纽带作用和焦点作用。

1. 基底作用

大面积的水面视域开阔、坦荡，可以衬托岸畔和水中景物。当水面不大但在整个景观中仍具有面的感觉时，水面仍可作为岸畔或水中景物的基底，产生倒影，扩大和丰富景观的空间。

2. 纽带作用

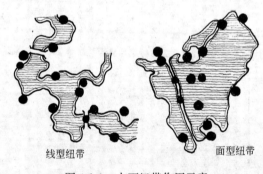

线型纽带　　　　　　　　面型纽带

图 4-1-1　水面纽带作用示意

水面具有将不同的、散落的景观空间及景点连接起来并产生整体感的作用。当水面呈带状线型，景点依水而建时，形成一种"项链式"的线形纽带效果；而当零散的景点均以水面为各自的构图要素时，水面起到直接或间接的统一作用(图 4-1-1)。除此之外，某些景观中虽没有大的水面，但在不同的空间中重复水这一主题，就可以借助流水、落水、静水等不同形式来加强各空间之间的联系。

3. 焦点作用

喷涌的喷泉、跌落的瀑布等动态形式的水，其形态和声响都能引起人们的注意，吸引人们的视线。因此，通常将水景安排在向心空间的焦点、轴线的交点、空间的醒目处或视线容易集中的地方，使其突出并成为焦点，如喷泉、瀑布、水帘、水墙、壁泉等。

二、水体的分类
按照水体的形式，可以分为规则式、自然式和混合式。

（1）规则式水体是由人工开凿成直线或曲线状的水面(图 4-1-2)，如水渠、方潭、水井等，常与雕塑、山石、花坛等共同组景。

图 4-1-2　规则式水体

（2）自然式水体是模仿天然形状的河、溪、泉等，水体在园景中多随地形而变化（图 4-1-3）。

（3）混合式水体是将规则式形状与自然式形状相结合的一类水体形式，在靠近建筑、围墙的位置，常常做成几何状；而远离的位置，则可做成自然式（图 4-1-4）。

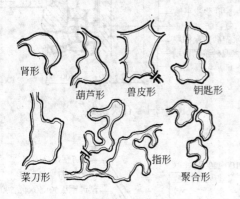

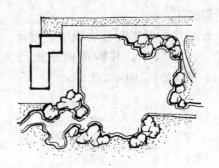

图 4-1-3　自然式湖池平面　　　　　　　图 4-1-4　混合式水体

按照水流的状态可分为：静态的水和动态的水。

静态的水能够反映出倒影、粼粼的微波、激滟的水光，给人以明洁、清宁、开朗或幽深的感受。而动态的水有湍急的水流、喷涌的水柱、水花或瀑布等，给人以明快清新，变幻多彩的感受。

第二节　驳岸及护坡

一、驳岸

驳岸是保护园景水体岸边的工程设施，是在园景水体边缘与陆地交界处，为稳定岸壁，保护湖岸不被冲刷或水淹而设置的，是园景的组成部分。在古典园景中，驳岸往往是用自然山石砌筑，与假山、置石、花木相结合，共同组成园景。驳岸必须结合所处环境的艺术风格、地形地貌、地质条件、材料特征、种植特色以及施工方法和技术经济要求等来选择其结构形式，在实用、经济的前提下注意外形的美观，使其与周围景观协调。

1. 破坏驳岸的主要因素

驳岸可以分成湖底以下基础部分、常水位以下部分、常水位与最高水位之间的部分和不淹没的部分，不同部分被破坏的因素不同。

（1）驳岸湖底以下基础部分，由于地基强度和岸顶荷载不一，容易造成不均匀沉陷，使驳岸出现纵向裂缝甚至局部塌陷；也可能由于冻胀而引起基础变形；用木桩做的桩基因受腐蚀或水底一些动物的破坏而可能朽烂；在地下水位很高的地区会产生浮托力，影响基础的稳定。

（2）常水位以下的部分，其主要破坏因素是水浸渗。在我国北方寒冷地区，驳岸胀裂容易造成倾斜、位移。

（3）常水位至最高水位这一部分，经常受到周期性的淹没，如果水位变化频繁，对驳岸也会形成冲刷腐蚀的破坏。

（4）最高水位以上不淹没的部分主要是浪击、日晒和风化剥蚀，驳岸顶部则可能因超重荷载和地面水的冲刷受到破坏。

2. 常用的驳岸有石块驳岸、卵石驳岸、木桩驳岸，其构造做法见图 4-2-1，图 4-2-2，图 4-2-3

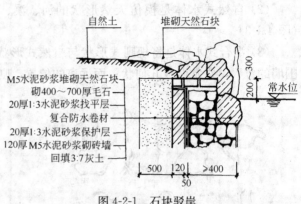

图 4-2-1 石块驳岸

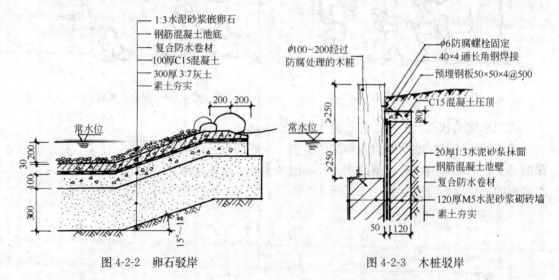

图 4-2-2 卵石驳岸　　　　　图 4-2-3 木桩驳岸

二、护坡

自然山地的陡坡、土假山的边坡、园路的边坡和湖池岸边的陡坡，有时为了营造自然状态，不做驳岸，而是改用斜坡伸向水中，采用各种材料做成护坡。护坡主要是防止滑坡，减少水和风浪的冲刷，以保证岸坡的稳定。

通常的护坡形式如下所述：

1. 块石护坡

在岸坡较陡、风浪较大的情况下，或是满足造景的需要时，常常使用块石护坡。护坡的石料，最好选用石灰岩、砂岩、花岗岩等顽石，在寒冷的地区还要考虑石块的抗冻性，石料要求比重大、吸水率小。

块石护坡应有足够的透水性，在块石下面设过滤层垫底，并在护坡坡脚设挡板，以减少土壤从护坡上面流失。

对于小水面，当护面高度在1m左右时，可以用大卵石等护坡，以表现海滩等风光。当水面较大，坡面在2m以上时，常常砌石块，用强度等级为M7.5水泥砂浆勾缝，压顶石用强度等级M7.5砂浆砌块石，坡脚石一定要座在湖底下。构造做法见图4-2-4。

2. 植物护坡

当岸壁坡角在自然安息角以内，水面上缓坡在1:20~1:5之间起伏变化时，水面以

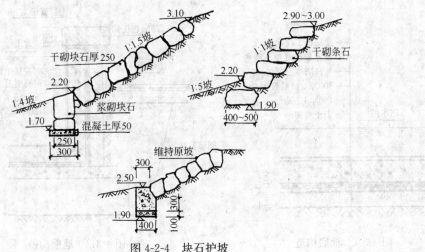

图 4-2-4　块石护坡

上部分可在坡面种植草皮或草丛，利用密布土中的草根来固土，使土坡能够保持较大的坡度而不滑坡。或是将园景坡地设计为倾斜的图案、文字类模纹花坛或其他花坛形式，既美化了坡地，又起到了护坡的作用。

3. 编柳抛石护坡

采用新截取的柳条十字交叉编织。编柳空格内抛填厚 20～40cm 的块石，块石下设厚10～20cm 的砾石层以利排水和减少土壤流失，柳条发芽后便成为较坚固的护坡设施。

上述各种护坡方式，都是通过坚固坡面表层土的形式，防止或减轻地表径流对坡面的冲刷，使坡地在坡度较大的情况下也不至于坍塌，从而保护了坡地，维持了园景的地形地貌。

第三节　水池、瀑布、跌水、喷泉

一、水池

水池多取人工水源，除池壁外，池底亦作铺砌。在一般情况下，水池体量小而精致，它可以用于广场中心，道路尽端以及和亭、廊、花架等各种建筑形成富于变化的各种组合；可以改善局部的小气候条件；可以为饲养有经济价值和观赏价值的水生动物、植物创造生态条件，使园景空间具有生动活泼的景观。常见的有喷水池、观鱼池、水生植物种植池等。

规则式水池面积应与庭园面积有适当的比例，池的四周可为人工铺装，也可布置绿地，地面略向池的一侧倾斜，显得美观。若栽种植物，水池深度以 50～100cm 为宜。

自然式水池的形状、大小、材料与构筑方法，因地势、地质、水源及使用需求等不同而有很大的差异。园景湖池的水深一般不是均一的，常为锅底形。距没有栏杆的岸边、桥边、汀步边以外宽 1.5～2m 的带状范围内，水深不超过 0.7m；湖池的中部及其他部分，水深可控制在 1.2～1.5m。当然，水的深度也要考虑不同使用功能要求，庭院内的水池要在水下栽植荷花、盆植睡莲或饲养观赏鱼时，深度可设计为 0.7m 左右；儿童浅水池深度一般为 0.2～0.3m。水池的池底做法见图 4-3-1，池壁做法见图 4-3-2。

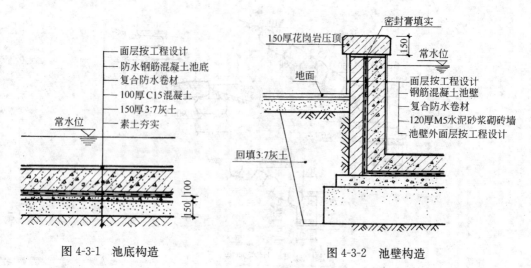

图 4-3-1　池底构造

图 4-3-2　池壁构造

二、瀑布

瀑布是一种自然景观，是河床陡坎造成的，水从陡坎处滚落下跌形成恢宏的景观。如果瀑布宽度大于瀑布的落差，就形成面形瀑布；若瀑布宽度小于瀑布的落差，则形成线形瀑布，如萨泰尔连德瀑布，它的落差有 580m。

瀑布种类的划分依据，一是从流水的跌落方式来划分，二是从瀑布口的设计形式来划分(图 4-3-3)。

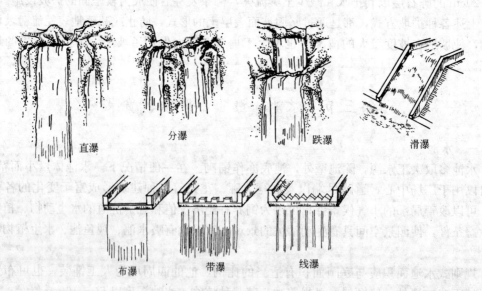

图 4-3-3　不同形式的瀑布

（1）按瀑布跌落方式来分，有直瀑、分瀑、跌瀑和滑瀑。

直瀑：即直落瀑布。水流不间断地从高处直接落入其下的池、潭水面或石面，产生飞溅的水花四处洒落，能够造成声响喧哗，为园景增添动态水声。

分瀑：即分流瀑布。它是由一道瀑布在跌落过程中受到中间物阻挡，分成两道水流继续跌落。

跌瀑：是很高的瀑布分为几跌，一段一段地向下落。适宜布置在比较高的陡坡坡地上，其水景效果的变化多一些。

滑瀑：水流顺着一个很陡的倾斜坡面向下滑落。斜坡表面所使用的材料质地情况决定着滑瀑的水景形象。坡面若是凸起点（或凹陷点）密布的表面，水层在滑落过程中就会激起许多水花，若凸起点（或凹陷点）做成有规律排列的图形纹样，所激起的水花还可以形成相应的图形纹样。

（2）按瀑布口的设计形式来分，瀑布有布瀑、带瀑和线瀑。

布瀑：水像一片又宽又平的布一样飞落而下，瀑布口的形状为一条水平直线。

带瀑：水流组成一排水带整齐地落下，瀑布口为宽齿状，齿间的间距全部相等。

线瀑：水流如同垂落的丝帘，瀑布口形状为尖齿状。尖齿排列成一条直线，齿间的小水口呈尖底状。

瀑布的构造做法见图4-3-4。

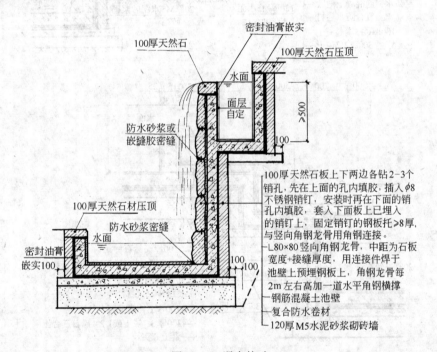

图4-3-4　瀑布构造

三、跌水

跌水强调一种规律性的阶梯落水形式，体现人工美，具有韵律感及节奏感。水的流量、高度及承水面都可以通过人工设计来控制，构造做法见图4-3-5。

四、喷泉

喷泉是加压后形成的喷涌水流。它以壮观的水姿、奔放的水流、多变的水形，深得人们喜爱。世界上最大的喷泉叫格兰喷泉，位于海拔1000m处，可喷73m高，非常壮观。

1. 喷泉的作用

从造景方面来讲，喷泉可以为园景环境提供动态水景，作为园景的重要景点来使用。

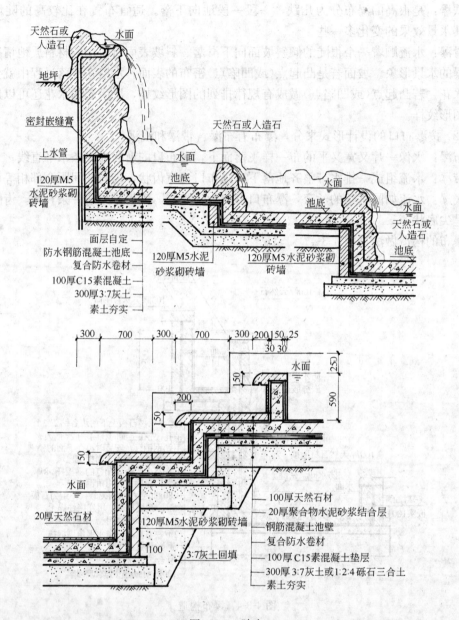

图 4-3-5 跌水

例如在西方传统的大规模宫廷园景中，喷泉群以及依附于喷泉的大型雕塑，在园景中广泛布置。其次，喷泉能够增加局部环境中的空气湿度，有利于改善环境质量，有益于人们的身心健康。

2. 喷泉的形式

(1) 普通装饰性喷泉

是由各种普通的水花图案组成的固定喷水型喷泉(彩图12)。

(2) 与雕塑结合的喷泉

喷泉的各种水花与雕塑、水盘、观赏柱等共同组成景观(彩图13)。

（3）水雕塑：用人工或机械塑造出各种抽象或具象的喷水水形，呈现某种艺术性造型。

（4）自控喷泉：利用各种电子技术，按设计程序来控制水、光、音、色的变化，形成变幻多姿的奇异水景。

（5）旱地喷泉：通常称为旱喷。喷头没有设在水池中，而是设在硬质地面上，喷头与地面标高一致或略低于地面。当水柱喷出时，可供戏水之用；未喷水时，则可作为铺地使用，具有多种用途（彩图14）。

（6）雾喷：借助喷雾喷头，形成朦胧的雾状景观。

3. 喷泉布置要点

喷泉的主题、形式，要与环境相协调。将喷泉和环境统一考虑，用环境渲染和烘托喷泉，达到美化环境的目的，或借助喷泉的艺术联想，创造意境。

在一般情况下，喷泉的位置多设于建筑、广场的轴线焦点或端点处，也可以根据环境特点作一些喷泉水景，自由地装饰室内外的空间。喷泉宜安置在避风的环境中以保持水形。

4. 常用的喷头种类

喷头是喷泉的主要组成部分，它是把具有一定压力的水变成各种预想的、绚丽的水花，喷射在水池的上空。因此，喷头的形式、制造的质量和外观等，对整个喷泉的艺术效果会产生重要的影响。

经常使用的喷头式样有以下几种类型：

（1）单射流喷头

它是应用最广的一种喷头，是压力水喷出的最基本形式。不仅可以单独使用，也可以组合为各种阵列，形成多种式样的喷水水形图案（图4-3-6a）。

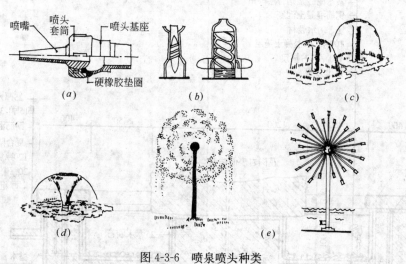

图 4-3-6　喷泉喷头种类

(a)单射流喷头；(b)喷雾喷头；(c)半球形喷头；(d)牵牛花形喷头；(e)球形蒲公英喷头

（2）喷雾喷头

这种喷头内部装有一个螺旋状导流板，使水流做圆周运动，水喷出后，形成细细的弥漫的雾状水滴（图4-3-6b）。

（3）变形喷头

它通过喷头形状的变化使水花形成多种花式。在出水口的前面设可以调节的、形状各异的反射器，形成各式各样的、均匀的水膜，如牵牛花形、半球形等（图 4-3-6c、d）。

（4）蒲公英形喷头

这种喷头是在圆球形壳体上，装有很多同心放射状喷管，并在每个管头上装有一个半球形变形喷头。它可以单独使用，也可以几个喷头高低错落地布置，显得格外新颖、典雅（图 4-3-6e）。

（5）组合式喷头

是由两种或两种以上形态各异的喷嘴，根据水花造型的需要，组合成一个大喷头，形成较复杂的花形。

5. 喷泉的水形设计

喷泉水形是指由不同形式喷头喷水所产生的不同水形，即水柱、水带、水雾、水泡等，将这些水形按照设计构思进行不同的组合，就可以造出千变万化的水形来。

从喷泉射流的基本形式来分，水形的组合形式有单射流、集射流、散射流和组合射流（图 4-3-7）。

6. 喷泉的构造做法见图 4-3-8

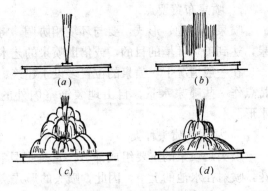

图 4-3-7　喷泉射流的基本形式
(a)单射流；(b)集射流；(c)散射流；(d)组合射流

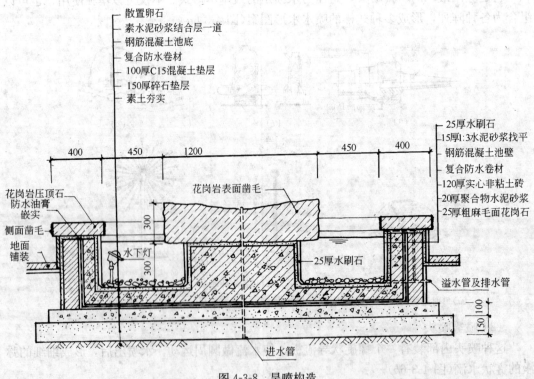

图 4-3-8　旱喷构造

复习思考题

1. 水体的功能是什么?
2. 简图示意常用的水体形式。
3. 简述驳岸和护坡的常见做法。
4. 举例分析当地的水景形式。
5. 识读水池、瀑布、跌水的构造做法。

第五章 园路工程

园路是园景平面构图的重要元素,属于硬质景观,与人在园景中的活动密切相关,在园景工程中占有重要地位。园路的修建可谓历史悠久,在我国古典园景中出现过多种结构、图案十分精美,由砖、瓦、卵石、碎片石等铺面的园路,风格雅致、朴素,成为我国园景艺术的成就之一。

第一节 园路的功能与分类

一、园路的功能作用

园路犹如园中的脉络,既是贯穿全园的交通网络,又是分隔各种景区、联系不同景点的纽带。其功能可归结为以下几个方面:

1. 组织交通

园路担负着与城市道路相联系,集散人流、车流的作用,特别是节假日游园人流的疏导;同时,还需满足园景日常养护管理的交通要求。

2. 引导游览

"人随路走"、"步移景异"说明园景不是设计一个个静止的"境界",而是创作一系列运动中的"境界"。园路组织园景的观赏程序,引导游人按照预定路线有序地进行游览,向游客展示园景的景观画面。

3. 划分空间,构成园景

园景中常常利用地形、建筑、植物或道路把全园分隔成各种不同功能的景区,同时又通过道路,把各个景区联系成一个整体。园路本身是一种线性狭长空间,通过园路的穿插,把园景其他空间划成了不同形状、不同大小的一系列空间,极大地丰富了园景空间的形象,增强了空间的艺术性表现,同时又形成一条条景观序列。

二、园路的分类

根据划分依据的不同,园路可以有多种不同的分类体系。若按等级和性质不同可分为:

1. 主园路

它是园景内的主要道路,形成全园的骨架和环路,组成导游的主干路线,并能适应园内管理车辆的通行要求,常用宽度为 6～7m。

2. 次园路

它是主园路的辅助道路,呈支架状连接各景区内景点和景观建筑,自然曲度大于主园路,以优美舒展和富有弹性的曲线线条构成有层次的景观画面,常用宽度为 3～4m。

3. 小径

它是供游人休憩、散步、游览的通幽曲径。可通达园景绿地的各个角落,宽度为

0.8～1.5m不等。结合园景植物、小品和起伏的地形，小径还能形成亲切自然、静谧幽深的自然游览步道。

三、园路系统的布局形式

园景的道路系统不同于一般的城市道路系统，它有自己的布置形式和布局特点。一般有套环式、条带式和树枝式（图5-1）。

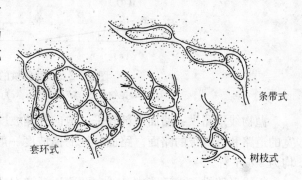

图 5-1　园路布局形式

1. 套环式园路系统

由主园路构成一个闭合的大型环路或一个"8"字形的双环路，再由很多的次园路和游览小道从主园路上分出，并且相互穿插连接与闭合，构成另一些较小的环路。这样的道路系统可以满足游览中不走回头路的愿望，在实践中是最为广泛应用的一种园路系统。

2. 条带式园路系统

园路呈条带状，始端和尽端各在一方，并不闭合成环。在主路的一侧或两侧，可以穿插一些次园路和游览小道，次路和小路相互之间也可以局部闭合成环路。条带式园路系统不能保证游人在游园中不走回头路，常在林荫道、河滨公园等带状公共绿地中采用。

3. 树枝式园路系统

支路和小路多数只能是尽端式道路，游人到了景点游览之后，要原路返回到主路再向前行。游人走回头路的时候很多，只有在受到地形限制时，才不得已采用这种布局。

第二节　园路的线性设计

一、横断面设计

垂直于园路中心线方向的断面叫园路的横断面，它能直观地反映路宽、道路横坡和地上地下管线位置等情况。

道路的横断面形式分为双坡和单坡（图5-2-1）。通常在总体规划阶段会初步定出园路的分级、宽度及断面形式等，但在进行园路技术设计时仍需结合现场情况重新进行深入设计，选择并最终确定适宜的园路宽度和横断面形式。

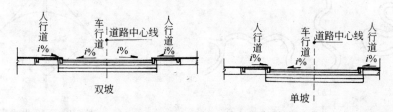

图 5-2-1　道路横断面形式

为能使雨水快速排出路面，道路的横断面通常设计为拱形、斜线形等形状，称之为路拱。其基本设计形式有抛物线形、折线形、直线形和单坡形4种（图5-2-2）。

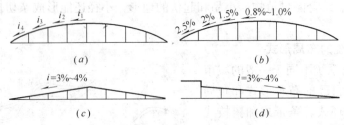

图 5-2-2 园路路拱的设计形式

(a)抛物线形；(b)折线形；(c)直线形；(d)单坡形

抛物线形路拱：路面中部较平，愈向外侧坡度愈陡，横断路面呈抛物线形。不适于较宽的道路和低等级的路面。路面各处的横坡度一般宜控制在 $i_1 \geqslant 0.3\%$，$i_4 \leqslant 5\%$，且 i 平均为 2% 左右。

折线形路拱：由道路中心线向两侧逐渐增大横坡度的若干折线组成。路拱的横坡度变化比较平缓，路拱的直线较短，一般用于比较宽的园路。

直线形路拱：由两条倾斜的直线组成。为了行人和行车方便，通常可在横坡直线形路拱的中部插入两段对称连接折线，使路面中部不至于呈现屋脊形；或是插入一段抛物线或圆曲线。

单坡形路拱：路面单向倾斜，雨水只向道路一侧排除（容易污染路面），不适宜较窄的道路。

二、平面线形设计

1. 园路平曲线设计

园景道路的平面是由直线和曲线组成的，规则式园路以直线为主，自然式园路以曲线为主。曲线形园路是由不同曲率、不同弯曲方向的多段弯道连接而成，直线形园路中，其道路转折处一般也应设计为曲线的弯道形式。园路平面的这些形式，就叫园路平曲线。

在设计自然式曲线道路时，道路平曲线的形状应满足游人平缓自如转弯的习惯，弯道曲线要流畅，曲率半径要适当，不能过分弯曲(图 5-2-3)。

当道路由一段直线转到另一段直线上去时，其转角的连接部分均采用圆弧形曲线，该圆弧的半径称为平曲线半径(图 5-2-4)。一般园路的弯道平曲线半径可以设计得比较小，仅供游人通行的游步道，平曲线半径还可更小。

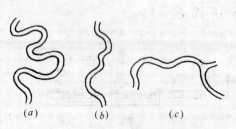

图 5-2-3 园路平面曲线线形比较

(a)过分弯曲；(b)弯曲不流畅；(c)正确平行曲线

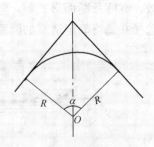

图 5-2-4 平曲线半径

2. 园路转弯半径的确定

通行机动车辆的园路在交叉口或转弯处的平曲线半径要考虑适宜的转弯半径，其大小与车速和车类型号(长、宽)有关,个别条件困难地段可以不考虑车速,但要满足车辆本身的最小转弯半径(图5-2-5)。

三、纵断面设计

道路纵断面是指路面中心线的竖向断面。路面中心线在纵断面上为连续相折的直线,为

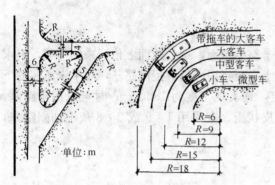

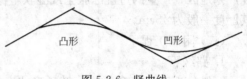

使路面平顺,在折线的交点处要设置成竖向的曲线状,这就叫做园路的竖曲线。竖曲线的设置,使园林道路多有起伏,路景生动,视线俯仰变化,游览散步感觉舒适方便(图5-2-6)。

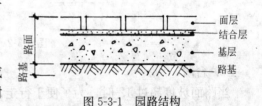

图5-2-5 园路转弯半径的确定　　　　图5-2-6 竖曲线

园路竖曲线的允许半径范围比较大,半径的确定与游人游览方式、散步速度和部分车辆的行驶要求相关,一般不作过细的考虑。

一般园路的路面应有8%以下的纵坡,保证最小纵坡不小于0.3%~0.5%,以便雨水的排除,同时又可丰富路景。但纵坡坡度也不宜过大,否则不利于游人的游览和车辆的通行,当园路纵坡较大时,其坡面长度是有限制的。

第三节　园　路　构　造

一、园路结构

从构造上看,园路是由上部的路面和下部的路基两大部分组成(图5-3-1)。

（一）路面

路面是用坚硬材料铺设在路基上的一层或多层道路结构部分。路面应当具有良好的耐压、耐磨和抗风化性能,做到平整、通顺、美观、行走舒适。路面结构组合形式多样,通常包括面层、结合层、基层和垫层。

图5-3-1 园路结构

1. 面层

面层是路面最上面的一层,它直接承受人流、车辆和大气因素如烈日、严冬、风、雨等的破坏。从工程上来讲,面层设计时要坚固、平稳、耐磨损,具有一定的粗糙度,少尘埃,便于清扫。

2. 结合层

采用块料铺筑面层时,在面层和基层之间,为了结合和找平而设置的一层构造。一般用3~5cm厚的粗砂、水泥砂浆或白灰砂浆即可。

3. 基层

基层在土基之上,起承重作用。一方面支承由面层传下的荷载,另一方面把此荷载传

给土基。一般用碎（砾）石、灰土或二灰砂砾等筑成，铺设厚度可在 6～15cm 之间。

4. 垫层

在路基排水不良或有冻胀、翻浆的路线上，为了排水、隔潮、防冻的需要，用煤渣土、石灰土等筑成，铺设厚度 8～15cm。园景中也可以采用加强基层的办法，而不单独设此层。

（二）路基

路基是路面的基础，可为园路提供一个平整的基面，承受地面上传下来的荷载，要求具有足够的强度和稳定性。一般黏土或砂性土经夯实后可以直接做路基，对于未压实的下层填土，经过雨季被水浸润后自身沉陷稳定，其表观密度为 $180g/cm^3$ 时可以用于路基。在严寒地区，严重的过湿冻胀土或湿软呈橡皮状土，宜采用 1：9 或 2：8 灰土加固路基，其厚度一般为 15cm。

（三）附属工程

1. 路缘石

一般分为平缘石和立缘石两种形式，其构造如图 5-3-2 所示。路缘石安置在路面两侧，对路面与路肩在高程上起衔接作用，并能保护路面，便于排水。路缘石按材质分为混凝土、石材、复合砖、木桩等，根据不同的景观可以采用不同材质和尺寸。

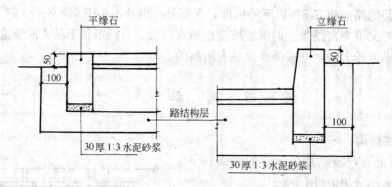

图 5-3-2 路缘石构造

2. 台阶

当路面坡度超过 12°时，为了便于行走，可设台阶。台阶的宽度与路面相同，每级台阶的高度为 12～17cm，宽度为 30～38cm，每 10～18 级后应设一段平坦的地段，使游人得到休息。在园景中根据造景的需要，台阶可以用天然山石或用预制混凝土做成木纹板、树桩等各种形式。

二、常见园路铺装

1. 整体路面

主要是水泥混凝土或沥青混凝土铺筑的路面，平整度好、耐压、耐磨，施工和养护简单，多用于园景的主、次园路或一些附属道路。

（1）水泥混凝土路面：作为承载道路时，混凝土强度等级不低于 C30；作为非承载道路时，混凝土强度等级不低于 C20，路面纵向长度约 20m 左右。须设伸缩缝。可用普通抹灰或彩色水泥抹灰处理路面。

（2）沥青混凝土路面：根据沥青混凝土的骨料粒径大小，有细粒式、中粒式和粗粒式沥青混凝土可供选用，一般不用其他方法再对路面进行装饰处理。

2. 块料路面

用规则或不规则的石材、砖、预制混凝土块做路面面层材料，适用于园景中的游步道、次路等（图5-3-3～图5-3-5）。

图5-3-3　料石路面

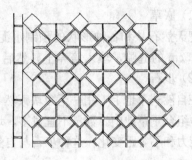

图5-3-4　砖路面

3. 卵石路面

卵石是园景中最常用的一种路面面层材料，一般用于游步道。在我国古典园景中常采用卵石铺成各种图案，如梅影路（图5-3-6），起到增加景区特色、深化意境的作用。另外，还有一种雕砖卵石路面，被誉为"石子画"，它是选用精雕的砖、细磨的瓦和严格挑选的各色卵石拼贴而成，图案内容丰富（图5-3-7）。现代园景中采用卵石与石板或预制混凝土块相拼合的方式，也有较好的装饰作用（图5-3-8）。

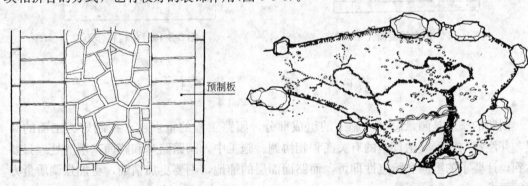

预制板

图5-3-5　碎石板与预制板组合路面

图5-3-6　梅影路

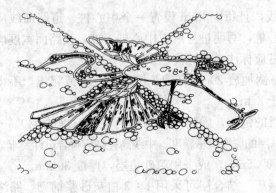

图5-3-7　石子画

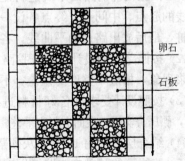

卵石

石板

图5-3-8　卵石与石板组合路面

4. 木板路面

使用天然木材作为面层材料，具有独特的质感、色调和纹理，令步行更为舒适，但造价和维护费用相对较高。

5. 嵌草、步石路面

（1）嵌草

把天然石块和各种形状的预制水泥混凝土块铺成冰裂纹或其他花纹，铺筑时在块料间留 3～5cm 的缝隙，填入培养土，然后种草（图 5-3-9）。

（2）步石

在自然式草地上，用一至数块天然石块或预制成圆形、树桩形、木纹板形的混凝土块，自由地组合于草地中。数量不宜过多，块体不宜太小，两块相邻块体的中心距离应考虑人的跨越能力和不等距变化。这种步石与自然环境协调，能取得轻松活泼的效果（图 5-3-10）。

图 5-3-9　仿木纹混凝土嵌草路

图 5-3-10　仿树桩步石

第四节　园　路　施　工

园路的施工是园景总平面施工的组成部分，园路工程的重点在于控制好施工面的高程，并注意与园景其他设施的有关高程相协调。施工中，园路路基和路面基层的处理只要达到设计要求的牢固和稳定性即可，而路面面层的铺地，则要更加精细，更加强调质量方面的要求。

一、路面基层的施工

（1）依据设计的路面中线进行定桩放线，且每隔 20m 设置一个中心桩，道路曲线应在曲线的起点、中间点、终点各设一个中心桩，写明桩号后以中心桩为准，按路面宽度确定边桩，最后放出路面的平曲线，各中心桩应标注道路标高。

（2）按照路面的设计宽度开挖路槽，每侧加放 20cm 开槽，槽底应夯实或碾压，不得有翻浆现象，槽底平整度的误差，不得大于 2cm。

（3）按照设计要求准备好材料进行基层的铺筑，虚铺厚度一般为实铺厚度的 140%～160%，碾压夯实后，表面应坚实平整。铺筑基层的厚度、平整度、中线高程均应符合设计要求。

（4）结合层可采用 1:3 白灰砂浆，厚度 25mm，或采用粗砂垫层，厚度 30mm。

（5）路缘石的基础应与路槽同时填挖碾压。结合层可采用 1:3 白灰砂浆铺砌，路缘石接口处应以 1:3 水泥砂浆勾缝，凹缝深 5mm，路缘石背后应以 12% 白灰土夯实。

二、路面面层的铺设

（1）按照设计要求精确配料，搅拌均匀，伸缩缝位置应当准确，要振捣或碾压，路表面应平整坚实。水泥混凝土、沥青混凝土路面的构造做法见图 5-4-1，图 5-4-2。

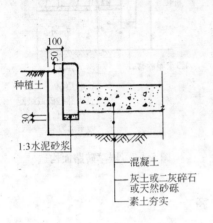

图 5-4-1　混凝土路面构造

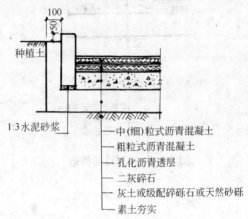

图 5-4-2　沥青路面构造

（2）铺筑各种块料路面，应该轻轻放平，一般用橡胶锤敲打、稳定，不能损伤块料的边角，构造做法见图 5-4-3，图 5-4-4。

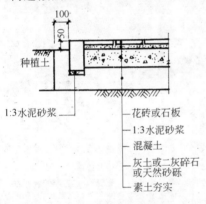

图 5-4-3　花砖（石板）路面构造

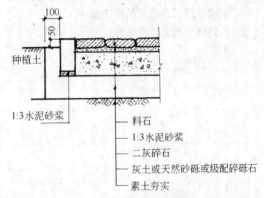

图 5-4-4　料石路面构造

（3）卵石路面，应先铺垫 M10 水泥砂浆，厚度 30mm，再铺水泥素浆 20mm，卵石厚度的 60％插入水泥素浆中，待砂浆强度达到 70％时，用 30％的草酸溶液冲刷石子表面，构造做法见图 5-4-5。

（4）木板路面的所用木材应该经过防腐、防水、防虫处理，角钢要经过防腐处理，龙骨可用螺栓或砂浆固定，构造做法见图 5-4-6。

（5）嵌草路面的缝隙应填入培养土，栽植穴深度不宜小于 8cm，构造做法见图 5-4-7。

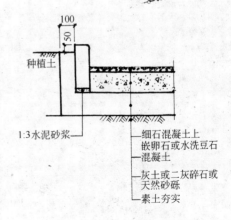

图 5-4-5　卵石路面构造

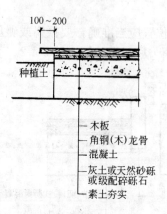

图 5-4-6　木板路面构造

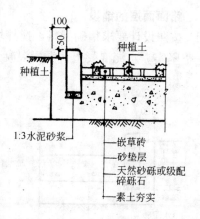

图 5-4-7　嵌草砖路面构造

复习思考题

1. 不同等级园路的要求是什么？
2. 园路的线性设计包括哪些内容？
3. 园路的构造是什么？各层的作用是什么？
4. 识读常见园路铺装的构造做法。
5. 园路施工的内容有哪些？

第六章 绿 化 工 程

不同类型的环境工程，虽然其景观效果各自不同，但都是由山（地形）、水、植物、建筑这四大要素构成，植物在其中具有重要的作用，它是景观的基础。

第一节 园 景 植 物

园景植物是指绿化效果好、观赏价值高或具有经济价值的植物，它具有形体美或色彩美，适应当地的气候土壤条件，在一般管理条件下能发挥上述功能。

一、园景植物的分类

园景植物的分类方法很多，若从外部条件来划分，主要有乔木、灌木、藤本、竹类、花卉、地被植物和草地。

（一）乔木

乔木具有形体高大、主干明显、分枝点高、寿命长等特点。根据一年四季叶片脱落状况可分为常绿乔木和落叶乔木两类：在植物的休眠期内，不具有落叶现象的乔木为常绿乔木；若具有落叶现象的乔木则为落叶乔木。叶形宽大者，称为阔叶乔木；叶片纤细如针状者称为针叶乔木。

乔木是园景中的骨干植物，对园景布局影响很大，不论在功能上，还是艺术处理上，都能起到主导作用。

（二）灌木

灌木没有明显主干，多呈丛生状态，或自基部分枝，有常绿灌木与落叶灌木之分。

（三）藤本

藤本是指以某种方式攀附于其他物体上生长，主干茎不能直立的植物。有常绿藤本与落叶藤本之分，常用于花架、岩石和墙壁上面的攀附物。

（四）竹类

竹类是属于禾本科的常绿乔木或灌木，干木质浑圆，中空而有节，皮翠绿色；但也有呈方形、实心，为其他颜色和形状的，如方竹、罗汉竹、紫竹等，不过为数极少。竹常年绿色，一旦开花，大多数于开花后全株死亡。

（五）花卉

花卉是指姿态优美，花色艳丽，花香郁馥，具有观赏价值的草本植物、花灌木、开花乔木以及盆景类植物，但通常多指草本植物。根据花卉生长期的长短、根部形态和对生态条件的要求，可分为以下几类：

（1）一年生花卉：指春季播种，当年开花的种类。

（2）二年生花卉：指秋季播种，次年春天开花的种类。

这两类花卉具有花色艳丽、花香郁馥、花期整齐等特点，但一生之中都只开一次花，然后结实、枯死，管理的工作量大。

(3) 多年生花卉：一次栽植能多年继续生存，年年开花。适应范围比较广，可以用于花坛或成丛成片布置在草坪边缘，或散植于溪涧山石之间。

(4) 球根花卉：指多年生草本花卉的地下部分，不论是茎或根肥大成球状、块状或鳞片状的一类花卉。这类花卉多数花形较大、花色艳丽，可与一、二年生花卉搭配种植。

(5) 水生花卉：草本植物生于水中，其根伸入泥中，或游浮于水中。

(六) 地被植物

地被植物是指株丛密集、低矮、用于覆盖地面的植物，它可以形成图案板块，景观效果好。

(七) 草地

草地是指草本植物经人工种植或改造后形成的具有观赏效果，并能供人适度活动的坪状草地。草地可以覆盖裸露的地面，是游人露天活动和休息的理想场地，也给园中的花草树木以及山石建筑以美的衬托。

二、园景植物的观赏特性

园景植物是由根、干、枝、叶、花和果实(种子)所组成。这些不同的器官或整体，有其典型的形态、色彩与风韵之美，能随季节、年龄的变化而有所丰富和发展。例如枫香叶春季黄绿微红，夏季深绿，到了深秋就变为深浅不同的红色。园景中充分利用植物的叶容、花貌、色彩、芳香及其树干姿态等形象，结合生态习性要求，来形成特定环境的景观艺术效果。

1. 根

一般的根是生长在土壤之中，观赏价值不大，但某些根系发达的树种，根部突出地面，盘根错节，可供观赏。也有些植物的根系不在土壤中生长，例如榕树类植物的树上布满气生根，倒挂下来，犹如珠帘下垂，给人以新奇的感受。

2. 树干

树干的观赏价值与其姿态、色彩、质感密切相关。例如银杏、香樟、银桦等树种主干通直、气势轩昂、整齐壮观；白皮松青针白干，树形秀丽；梧桐树皮绿干直；紫薇细腻光滑等，都具有较高的观赏价值。

3. 树枝

树枝是树冠的"骨骼"，枝条的粗细、长短、数量和分枝角度的大小，都直接影响着树冠的形状和树姿的优美与否。例如垂柳枝条下垂，轻盈婀娜，植在水边，最能衬托水面的优美。一些落叶乔木，冬季树枝线条清晰，衬托在蔚蓝色的天空或晶莹的雪地上时，极具观赏价值。

4. 叶

叶的观赏价值主要在于叶形和叶色，奇特的叶形或特大的叶往往容易引起人们的注意。如鹅掌楸、银杏、蒲葵、荷叶等。

叶色，春夏之季大部分树叶的共同颜色是绿色，但浓淡不同。到了深秋很多落叶树的叶色就会变成不同深度的橙红色、紫红色、柠檬黄色等，"霜叶红于二月花"的诗句就是对枫叶变红时景色的写照。

5. 花

花的种类繁多，争妍斗奇、琳琅满目，其姿容、色彩和芳香对人的精神都有很大的影响。如玉兰一树千花，亭亭玉立；荷花高洁丽质，雅而不俗；牡丹盛春怒放，朵大色艳，气息豪放；隆冬山茶叶艳、腊梅飘香。种类不同的花带给人们不同的感受。

6．果实与种子

在秋季硕果累累、色彩鲜艳，到处散发着果香味，为园景凭添景色。

7．树冠

树冠是由枝、花、叶、果所组成，形状是主要的观赏特征之一（图6-1），将具有不同形状的乔木相配，就可产生不同的效果。

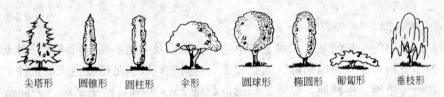

尖塔形　　圆锥形　　圆柱形　　伞形　　　圆球形　　椭圆形　　葡匐形　　垂枝形

图 6-1　树冠形状

第二节　绿化工程施工

绿化是指栽种植物以改善环境的活动。绿化工程是指树木、花卉、草坪、地被植物等的植物种植工程。绿化工程施工则是指根据种植设计图，进行具体的植物栽植和造景。

一、施工前的准备工作

（1）绿化工程必须按照批准的绿化工程设计及有关文件进行施工。种植设计是园景植物造景和进行合理配植的依据。施工前有关人员必须熟悉图纸，掌握设计意图，进行工程准备。

（2）为了在施工中充分领会设计意图，施工前应由设计人员对施工人员进行设计交底，并到现场核对地形，减少工作失误。当有不符之处时，应作出设计变更。

（3）绿化的成败，取决于是否使用优良的植物材料。所以，施工前对准备的植物材料应该进行检测，以便符合设计要求和产品质量标准。

（4）为了使绿化工程进度快、质量好、成本低，事先必须编制施工计划，部署全部施工活动，以达到施工程序合理，施工方法和技术先进，施工机具、劳动力组织合理，各方面协作配合协调，确保全面按期完成施工任务。

施工计划书应包括下列内容：施工程序和进度计划；各工序的用工数量及总用工日；工程所需材料进度表；机械与运输车辆和工具的使用计划；施工技术和安全措施；施工预算。

二、栽植前的工作

（一）苗木准备

植物材料的好坏会直接影响绿化的效果和成活率，除要具有符合设计要求的干径、树冠造型以外，还必须根系发达、树形美观、无病虫害，从而保证绿化工程的质量。

绿化所用树苗，应该是在育苗期间内经过1～3次翻栽，根群集中在树苑的苗木。常绿树苗木应当带有完整的根团土球，土球散落的苗木成活率会降低。一般的落叶树苗木也应带有土球，但在秋季和早春起苗移栽时，也可裸根起苗。裸根苗木如果运输距离比较远，需要在根蔸里填塞湿草，或外包塑料薄膜保持湿润，以免树根失水过多。为了减少树苗体内水分的散失，提高移栽成活率，还可将树苗的每一叶片剪掉1/2，以减少树叶的蒸腾面积和水分散失量。

对种植在室外的露地花卉，根据其类别不同，有不同的质量要求。如一、二年生草花，植株高度、冠径、分枝不少于规定数，叶簇健壮，色泽明亮；宿根花卉和球根花卉，要求根系苗壮，幼芽饱满；观叶植物要求叶色鲜艳，叶簇丰满；水生植物要求根系发达；采用草块或草卷来铺设草坪时，要求草块或草卷的规格一致，便于运输和施工，不含杂草。

（二）土壤处理

土壤是园景植物生长的基础。对土壤中的有害物质及杂物必须进行清除；对土壤要进行化验，若不合格，则应采取消毒、施肥和换土等措施，以满足植物生长的条件。对草坪种植地、花卉种植地、播种地，应施足基肥，翻耕 25～30cm，搂平耙细，去除杂物，平整度和坡度应符合设计要求。

（三）苗木假植

苗木应该做到随起苗、随运输、随种植，以减少暴露的时间。当天不能种植的苗木应进行假植，即暂时进行的栽植。

1. 带土球的苗木假植

将苗木的树冠捆扎收缩起来，密集地挤在一起；然后，在土球层上面盖一层土，填满土球间的缝隙；再对树冠及土球均匀地洒水，使土面湿透，或者把带着土球的苗木临时性地栽到一块绿化用地上，土球埋入土中 1/3～1/2 深，行列式栽好后，浇水保持一定湿度即可。

2. 裸根苗木假植

先要在地面挖浅沟，沟深 40～60cm；然后将裸根苗木一棵棵紧靠着呈 30°斜栽到沟中，在根蔸上分层覆土，层层插实；以后，经常对枝叶喷水，保持湿润。

三、施工

（一）定位放线

在绿化种植设计图上，标明了树木的种植位点。进行规则式的树木栽植时，其放线定点所依据的基准线，一般可选择道路交叉点、中心线、建筑外墙的墙角线等，依据这些特征的点和线，利用简单的距离交会法（即根据测设的两段距离交会出点的平面位置）和三角形角度交会法（即根据在两个以上测设站测设角度所定的方向线，交会出点的平面位置），就可将设计的每一棵树的栽植位点，都测设到地面上，用石灰做点，标示出种植穴的中心点。然后，按照不同树种对种植穴半径大小的要求，用石灰画圆圈，标明种植穴的挖掘范围。对自然式配植的树木，放线一般采用坐标方格网方法，用测量仪器将设计图上方格网的每一个坐标点测设到地面上，钉下坐标桩。再依据各方格坐标桩，采用直线丈量和角度交会方法，测设出每一棵树的栽植位点。按照树种所需穴坑大小，用石灰粉画圆圈，定下种植穴的挖掘线。

（二）种植穴、槽的挖掘

种植穴挖掘前，应向有关单位了解地下管线和隐蔽物埋设情况，避免损伤设施。若遇障碍物严重影响操作时，可与设计人员协商调整位置。

种植穴、槽必须垂直下挖，上口下底相等，其大小应根据苗木根系、土球直径来决定，要符合规范要求。在新垫土区，挖穴后应将穴底踏实，避免浇水后沉陷。对土壤含水量不足的土层干燥地区、新填垫土地区，均应在种植前在穴、槽浸水补给水分。挖穴、槽后，应将充分腐熟的有机肥与土壤搅拌均匀，在穴底铺平再复土一层，以防根部直接与肥料接触，烧伤根系。

（三）树木种植

树木栽植的季节最好选在初春和秋季，在树木发芽前最好。树木置入种植穴前，应先检查种植穴的大小及深度，当不符合根系要求时，应修整种植穴。种植裸根树木时，应将树穴底填土呈半园土堆；带土球树木则必须踏实穴底土层。然后，将苗木的土球或根苑放入种植穴内，使其居中；再将树干立起，扶正，使其保持垂直；然后分层回填种植土，填土后将树根向上提一提，使根群舒展开。每填一层土就要用锄把将土填插紧实，直到填满穴坑，并使土面能够盖住树木的根颈部位，初步栽好后还应检查一下树干、树冠有无偏斜。最后，把余下的穴土绕根颈一周进行培土，做成环形的拦水围堰。其围堰的直径应略大于种植穴的直径，堰土要拍压紧实，往树下灌水，要一次灌透。灌水中树干有歪斜的，还要扶正。胸径在5cm以上的乔木，应设支柱固定。攀援植物种植后，要进行绑扎或牵引。

绿篱成块种植或群植时，应由中心向外依顺序退植。坡式种植时应由上向下种植，大型块植或不同彩色丛植时，宜分区分块种植。

落叶乔木在非种植季节种植时，应根据不同情况分别采取一些技术措施。比如：对苗木提前疏枝、环状断根。苗木应进行强修剪，剪除部分侧枝，保留的侧枝也应疏剪或短截，并保留原树冠的三分之一，同时加大土球体积。在夏季可搭棚遮荫、树冠喷雾、树干保湿，保持空气湿润，冬季则要防风防寒。

（四）花卉、草坪种植

1. 花卉种植

花卉用苗应选用经过1～2次移栽，根系发育良好的植株，裸根苗应随起苗随种植，带土球苗应在圃地灌水渗透后起苗，保持土球完整不散。盆育花苗去盆时，应保持盆土不散。

花卉栽植时间，基本上没有限制，但夏季气温超过25℃时，应避开中午高温时间。

花卉栽植时，一般的独立花坛从中央向外栽。单面观赏的坡式花坛，则应从上面栽起，逐步栽到下面。若是模纹花坛，应先种植图案的轮廓线，后种植内部的填充部分。种植花苗的株行距，应按植株高低、分蘖多少、冠丛大小决定，以成苗后不露出地面为宜。

花卉种植完成后，应及时浇一次透水，使花苗根系与土壤密切结合，并应保持植株的清洁。

2. 草坪种植

根据不同地区，不同地形，草坪种植可以选择播种、分株、铺设草块等方法。

草坪播种：播种前应做发芽实验和催芽处理，确定合理的播种量。播种时应先浇水浸地，保持土壤湿润，稍干后将表层土耙细耙平，进行撒播，然后均匀覆土后轻压，再进行喷水。可用草帘覆盖保持湿度，至发芽时撤除。

分株种植：应将草带根掘起，除去杂草后 5～7 株分为一束，按株距 15～20cm 呈品字形种植于深 6～7cm 的穴内，再踏实浇水。

铺设草块：应选择无杂草，生长势好的草源，铺设时可采用密铺或间铺。密铺应互相衔接不留缝，间铺时间隙应均匀，并填以种植土，然后加以滚压、灌水。

复 习 思 考 题

1. 园景植物的观赏特性包括哪些？
2. 写出当地园景中常用的乔木、灌木、花卉、地被植物品种各四种。
3. 谈谈绿化施工中，栽种植物前的准备工作是什么？
4. 分别叙述树木、花卉、草坪种植的施工方法。

主 要 参 考 文 献

1. 赵兵等. 园林工程学. 南京：东南大学出版社，1999

2. 唐来春. 园林工程与施工. 北京：中国建筑工业出版社，1999

3. 安怀起等. 中国园林艺术. 上海：上海科学技术出版社，1986

4. 彭一刚. 中国古典园林分析. 北京：中国建筑工业出版社，1986

5. 彭一刚. 建筑空间组合论. 北京：中国建筑工业出版社，1983

6. 陈从周等. 中国园林鉴赏辞典. 上海：华东师范大学出版社，2001

7. 王汝诚. 园林规划设计. 北京：中国建筑工业出版社，1999

8. 城市园林绿地规划编写组. 城市园林绿地规划. 北京：中国建筑工业出版社，1983

9. ［美］诺曼 K·布思等. 风景园林设计要素. 北京：中国林业出版社，1989

10. 沈葆久等. 深圳新园林. 深圳：海天出版社，1994

11. ［美］汤姆·G·特鲁洛夫. 当代国外著名景观设计师作品精选——雷蒙德·容格拉斯. 北京：中国建筑工业出版社，2002

12. ［美］汤姆·G·特鲁洛夫. 当代国外著名景观设计师作品精选——马里奥·谢赫南. 北京：中国建筑工业出版社，2002

13. 章俊华. 居住区景观设计Ⅱ、Ⅲ. 北京：中国建筑工业出版社，2001

14. 刘小明等. 公共绿地景观设计. 北京：中国建筑工业出版社，2003

15. 建筑报道杂志社. 1999年优秀景观作品集. 百通集团. 郑州：河南科技出版社，2000